Startklar

Potenzwerte berechnen

1 Vervollständige die Tabelle.

	Potenz		Produkt		Potenzwert
a)	3^4	=		=	
b)		=	$5 \cdot 5 \cdot 5 \cdot 5$	=	
c)	^{10}	=		=	1
d)	4^3	=		=	
e)		=	$10 \cdot$	=	10 000 000
f)	0^8	=		=	

Mit Zehnerpotenzen rechnen

2 **a)** Schreibe als Zehnerpotenz mit einer möglichst kleinen natürlichen Zahl als Vorfaktor.

① 390 000 = ____________

② 804 000 000 = ____________

③ 70 = ____________

b) Schreibe ohne Potenz.

① $19 \cdot 10^7$ = ____________

② $9 \cdot 10^4$ = ____________

③ $324 \cdot 10^5$ = ____________

Rechengesetze anwenden

3 Welche Rechengesetze wurden angewendet?

① Punkt vor Strich
② Potenz vor Punkt vor Strich
③ Klammer zuerst
④ Kommutativgesetz
⑤ Distributivgesetz
⑥ Assoziativgesetz

a)
$3 + 5 \cdot 7 =$
$3 + 35 =$ } ○
38

b)
$18 \cdot 3 - 3 \cdot 15 =$
$3 \cdot 18 - 3 \cdot 15 =$ } ○
$3 \cdot (18 - 15) =$ } ○
$3 \cdot 3 = 9$ } ○

c)
$(137 \cdot 25) \cdot 4 =$
$137 \cdot (25 \cdot 4) =$ } ○
$137 \cdot 100 =$ } ○
$13\,700$

d)
$19 + 6 \cdot 9^2 =$
$19 + 6 \cdot 81 =$ } ○
$19 + 486 =$ } ○
505

Terme vereinfachen

4 Fülle die Lücken bei den Termen.

a) $7 + 3x + 2 + 5x =$ 7 + 2 + ____________

b) $5{,}3u - 3 + 8{,}6u =$ ____________

c) $3x -$ ____ $= x$

d) $7^2 + 3a = 3a +$ ____

e) $4{,}5b +$ ____ $- 3a = 6{,}5b - 3a$

f) $\frac{3}{2}s + 3^2 - 1 =$ ____ $+ 1{,}5s$

1 Verwandle das Produkt in eine Potenz und berechne den Potenzwert.

a) $(-3) \cdot (-3) \cdot (-3) \cdot (-3) =$

b) $0{,}4 \cdot 0{,}4 \cdot 0{,}4 =$

c) $\left(-\frac{1}{6}\right) \cdot \left(-\frac{1}{6}\right) =$

d) $\left(-\frac{2}{5}\right) \cdot \left(-\frac{2}{5}\right) \cdot \left(-\frac{2}{5}\right) =$

e) $0{,}1 \cdot 0{,}1 \cdot 0{,}1 \cdot 0{,}1 =$

f) $0 \cdot 0 \cdot 0 \cdot 0 \cdot 0 \cdot 0 \cdot 0 \cdot 0 =$

g) $(-10) \cdot (-10) \cdot (-10) =$

h) $(-0{,}6) \cdot (-0{,}6) \cdot (-0{,}6) =$

2 Wandle, falls möglich, die Potenz in ein Produkt um und berechne dann den Potenzwert.

a) $(-7)^3 =$

b) $(-2)^4 =$

c) $0{,}8^3 =$

d) $(-0{,}09)^2 =$

e) $\left(\frac{1}{2}\right)^0 =$

f) $\left(-\frac{3}{4}\right)^3 =$

g) $\left(-\frac{3}{100}\right)^2 =$

h) $\left(\frac{17}{31}\right)^1 =$

3 Bestimme das fehlende Vorzeichen. Findest du mehr als eine Lösung?

a) $6^3 = \bigcirc 216$

$(-6^3) = \bigcirc 216$

$-6^3 = \bigcirc 216$

b) $(\bigcirc 2{,}5)^3 = -15\frac{5}{8}$

$\bigcirc 2{,}5^3 = +15\frac{5}{8}$

$\bigcirc 2{,}5^3 = -15\frac{5}{8}$

c) $(-1{,}5)^2 = \bigcirc 2{,}25$

$-1{,}5^2 = \bigcirc 2{,}25$

$(\bigcirc 1{,}5)^2 = 2{,}25$

4 Überlege zuerst, ob die Basis a der Potenz positiv, negativ oder 0 ist. Kreuze deine Antwort in der Tabelle an. Berechne dann.

a) $-\left(\frac{1}{3}\right)^4 =$

b) $\left(-\frac{1}{3}\right)^4 =$

c) $-0{,}4^3 =$

d) $(-0{,}4)^3 =$

e) $(-1)^{18} =$

f) $-1^{18} =$

g) $\left(-\frac{2}{5}\right)^2 =$

h) $-\left(\frac{2}{5}\right)^2 =$

i) $-\frac{2^2}{5} =$

j) $0^{27} =$

k) $-(-0{,}3)^4 =$

l) $-(-0{,}3^4) =$

	a)	b)	c)	d)	e)	f)	g)	h)	i)	j)	k)	l)
a > 0: Basis ist positiv.												
a < 0: Basis ist negativ.												
a = 0												

5 Schreibe zuerst mit positivem Exponenten und berechne dann.

a) $2^{-3} =$

b) $2^{-7} =$

c) $10^{-3} =$

d) $\left(\frac{1}{5}\right)^{-3} =$

e) $\left(\frac{1}{6}\right)^{-2} =$

f) $\left(\frac{1}{9}\right)^{-3} =$

g) $\left(\frac{7}{2}\right)^{-2} =$

h) $\left(-\frac{10}{3}\right)^{-5} =$

i) $-\left(\frac{83}{14}\right)^{-1} =$

6 Berechne die Potenzwerte.

a) $-4^2 =$ b) $(-4)^2 =$ c) $4^{-2} =$ d) $(-4)^{-2} =$ e) $-4^{-2} =$

f) $-\left(\frac{1}{3}\right)^2 =$ g) $\left(-\frac{1}{3}\right)^2 =$ h) $\left(\frac{1}{3}\right)^{-2} =$ i) $\left(-\frac{1}{3}\right)^{-2} =$ j) $-\left(\frac{1}{3}\right)^{-2} =$

7 Ergänze die Basis bzw. den Exponenten. Findest du mehrere Lösungen?

a) $-8 = (-2)^{\square}$ b) $\frac{1}{36} = \square^{2}$ c) $\frac{8}{125} = \square^{3}$ d) $0{,}25 = \square^{-2}$ e) $125 = 0{,}2^{\square}$

f) $-\frac{8}{27} = -\left(\frac{\square}{3}\right)^{\square}$ g) $144 = (-12)^{\square}$ h) $\frac{81}{625} = \left(\frac{5}{3}\right)^{\square}$ i) $-0{,}008 = \square^{3}$ j) $0{,}001 = 10^{\square}$

8 Ein Ball wird aus einer Höhe von 8,10 m fallen gelassen und erreicht nach jedem Auftreffen auf den Boden noch $\frac{2}{3}$ seiner vorangegangenen Ausgangshöhe.

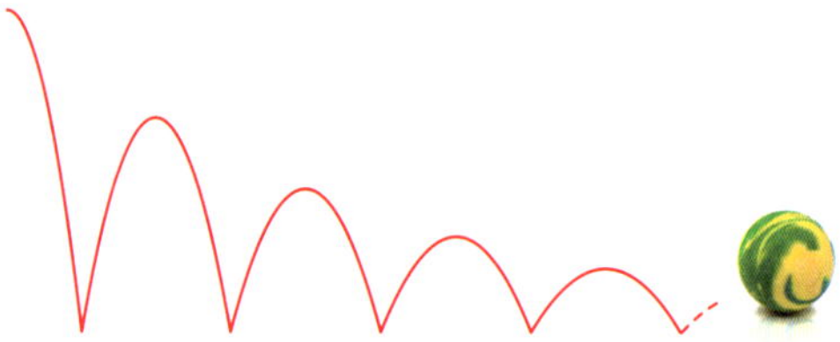

a) Berechne mithilfe der Tabelle, wie hoch der Ball nach den ersten Bodenkontakten noch kommt. Gib dann die jeweilige Höhe mithilfe einer Potenz an.

	Starthöhe	nach 1. Kontakt	nach 2. Kontakt	nach 3. Kontakt
Höhe		$8{,}10\,\text{m} \cdot \frac{2}{3} =$		
Potenz	$8{,}10\,\text{m} \cdot \left(\frac{2}{3}\right)^{\square}$	$8{,}10\,\text{m} \cdot \left(\frac{2}{3}\right)^{\square}$	$8{,}10\,\text{m} \cdot \left(\frac{2}{3}\right)^{\square}$	

b) Gib jeweils die Höhen in Potenzschreibweise an.

	nach 4. Kontakt	nach 7. Kontakt	nach 12. Kontakt	nach 20. Kontakt	nach n. Kontakt
Potenz		$8{,}10\,\text{m} \cdot \left(\frac{2}{3}\right)^{\square}$			

9 Berechne die Potenzwerte – falls möglich.

		Exponent				
		−2	−1	0	3	4
Basis	−3					
	0,4					
	0					
	−1					
	$\frac{3}{5}$					

1 Ergänze die Leerstellen so, dass wahre Aussagen entstehen.

a) $2^3 \cdot 2^5 = 2^{\_\_\_}$
b) $5^{13} : 5^9 = 5^{\_\_\_}$
c) $(-3)^2 : (-3)^5 = (-3)^{\_\_\_}$

d) $0{,}5^{\_\_\_} \cdot 0{,}5^7 = 0{,}5^4$
e) $a^{-3} \cdot a^{-4} = a^{\_\_\_}$
f) $(-9)^{-9} \cdot (-9) =$ ___

g) $\left(\frac{2}{7}\right)^{-3} \cdot \left(\frac{2}{7}\right) \cdot \left(\frac{2}{7}\right)^3 =$ ___
h) $\left(-\frac{6}{19}\right)^7 : \left(-\frac{6}{19}\right)^{-4} =$ ___
i) $\frac{3}{11} : \left(\frac{3}{11}\right)^{-2} =$ ___

j) $\_\_\_^{19} \cdot 0{,}3^{-7} = \_\_\_^{12}$
k) $8^{14} :$ ___ $= 8^3$
l) $(-7)^{-4} :$ ___ $= (-7)^2$

2 ① 3^{-9} ② 2^{-8} ③ 3^{10} ④ 2^{-13} ⑤ 2^{19} ⑥ 3^{-1}

a) Bilde mit den Kärtchen Produkte aus zwei Faktoren so, dass das Ergebnis als eine einzige Potenz geschrieben werden kann.

Kärtchen	Produkt	Ergebnis	Kärtchen	Produkt	Ergebnis
① und ③	$3^{-9} \cdot$				

b) Bilde mit den Kärtchen ①, ③ und ⑥ alle möglichen Quotienten aus je zwei Potenzen und gib das Ergebnis als eine einzige Potenz an.

Kärtchen	Quotient	Ergebnis	Kärtchen	Quotient	Ergebnis
① und ③	$3^{-9} :$		③ und ①		
① und ⑥					

3 Ordne den Rechnungen ihre Ergebnisse zu und verbinde sie. Das Startkärtchen ist gekennzeichnet. Ergänze zum Schluss im letzten Kärtchen das Ergebnis.

Start	$2^{-9} : 2^3 =$
1	$2 : 2^7 =$
$\frac{1}{64}$	$2^9 : 2^7 =$
8	$2 : 2^{-11} =$
2^{-12}	$2^{-7} : 2^{-3} =$
	Ende
2^2	$2 \cdot 2^4 \cdot 2^{-2} =$
2^{-4}	$2 \cdot 2^5 =$
2^6	$2^{13} \cdot 2^{-13} =$
16	$(-2)^3 =$
2^{12}	$2 : 2^{-3} =$

Potenzgesetze (2)

1 Fasse unter Anwendung der Potenzgesetze zu einer einzigen Potenz zusammen.

a) $2^4 \cdot 3^4 = (2 \cdot 3)^4 =$

b) $(-0{,}7)^9 \cdot 5^9 =$

c) $0{,}4^{-2} \cdot (-3)^{-2} =$

d) $0{,}083^5 \cdot 10^5 =$

e) $0{,}5^{12} : 10^{12} =$

f) $(-1{,}8)^7 : 3^7 =$

g) $\left(\frac{2}{9}\right)^7 : (-4)^7 =$

h) $\left(-\frac{2}{5}\right)^6 \cdot \left(-\frac{10}{7}\right)^6 =$

i) $\left(\frac{1}{3}\right)^2 \cdot \left(\frac{2}{3}\right)^{-2} =$

j) $5^{-5} \cdot (-10)^5 =$

k) $(-ax)^4 \cdot (-b)^4 =$

l) $x^4 : b^4 =$

m) $(6x)^{-3} : (18^2)^{-3} =$

n) $\left(\frac{2a}{c}\right)^9 : \left(\frac{7a^2}{c^4}\right)^9 =$

2 Die Potenzen in den grünen Kästchen ergeben sich durch Multiplikation von je zwei gelben Kärtchen. Die Zahlen in den roten Kästchen erhält man durch Division. Schreibe die Ergebnisse als Potenz.

5^7	$(-2)^7$	$0{,}4^7$	8^7	$0{,}25^{-7}$	$(-10)^{-7}$	$0{,}1^7$

· (grüne Kästchen): | | | | | |

: (rote Kästchen): $\left(-\frac{5}{2}\right)^7$ | | | | | |

3 Schreibe als eine Potenz der Form a^b mit $b \in \mathbb{N}_0$. Achte genau auf die Klammersetzung.

a) $(8^4)^3 =$

b) $(8^3)^4 =$

c) $(-8^3)^4 =$

d) $8^{(3^4)} =$

e) $[(-3)^7]^3 =$

f) $[(-0{,}1)^3]^7 =$

g) $\left[\left(\frac{3}{10}\right)^5\right]^9 =$

h) $[(-0{,}9)^7]^0 =$

i) $(2^{-3})^{-4} =$

j) $\left(\frac{1}{3}\right)^{-3} =$

k) $\left(\frac{1}{16}\right)^{-2} =$

l) $((3^1)^2)^3 =$

4 Welches Ergebnis ist äquivalent zur gegebenen Potenz? Kreuze an. Teils sind mehrere Lösungen richtig.

a)	$(a^3)^4$	○ a^7	○ a^{12}	○ $(a^2)^6$	○ $\left(\frac{1}{a}\right)^{-7}$	○ $\left(\frac{1}{a}\right)^{-12}$
b)	$(4x)^3$	○ $(4x) \cdot (4x)^2$	○ $16x^3$	○ $64x^3$	○ $12x^3$	○ $4^3 \cdot x^3$
c)	$(-2g)^6$	○ $(2g)^6$	○ $12g^6$	○ $-64g^6$	○ $-(2g)^6$	○ $64g^6$
d)	$\left(\frac{a^2}{8b}\right)^{-2}$	○ $\left(\frac{8b}{a^2}\right)^2$	○ $\frac{64b^2}{a^4}$	○ $\frac{a^0}{8^2b^2}$	○ $\frac{64a^{-4}}{b^{-2}}$	○ $64\,\frac{b^2}{a^4}$

1 Schreibe die Zahlen in der Form $a \cdot 10^b$, wobei a zuerst eine möglichst kleine natürliche Zahl sein soll. Schreibe anschließend in der wissenschaftlichen Schreibweise (hier gilt $1 \leq a < 10$).

a) 190 000 000 = ____ · 10 ____ = ____ · 10 ____

b) 720 = ____

c) 0,000821 = ____

d) 0,041 = ____

e) 30 000 000 = ____

f) 83 = ____

g) 0,00384 = ____

h) 0,00075 = ____

2 Schreibe ohne Zehnerpotenzen.

a) $1{,}72 \cdot 10^{-5}$ = ____

b) $4{,}6 \cdot 10^{-7}$ = ____

c) $0{,}08 \cdot 10^{-4}$ = ____

d) $92 \cdot 10^{-1}$ = ____

e) $987 \cdot 10^{5}$ = ____

f) $38{,}30 \cdot 10^{1}$ = ____

g) $22 \cdot 10^{7}$ = ____

h) $23{,}0 \cdot 10^{8}$ = ____

3 Ergänze die Lücken.

	mit Symbol	mit Zehnerpotenz	ausgeschrieben (ohne Zehnerpotenz)
a)	13,9 TB	13,9 · 10 ____ B	____ B
b)	50 µm		
c)		$4{,}2 \cdot 10^{-9}$ g	
d)	____ Gm		18 400 000 000 m
e)	____ ng		0,0000000421 g

4 Miriam, Jan, Sophia und Tim rechnen die Angaben verschiedener Längenmaße um. Wer hat die meisten Längen richtig bestimmt?

Angabe	Miriam	✓ ✗	Jan	✓ ✗	Sophia	✓ ✗	Tim	✓ ✗
Entfernung Erde-Mond: 384 400 km	384,4 Mm		$3844 \cdot 10^{5}$ m		$3{,}844 \cdot 10^{5}$ m		3,844 Gm	
Durchmesser eines Haares: 0,08 mm	$0{,}08 \cdot 10^{-3}$ m		$8 \cdot 10^{-5}$ m		80 µm		$8 \cdot 10^{-3}$ cm	
Durchmesser eines Atoms: 0,3 nm	$3 \cdot 10^{-10}$ m		$300 \cdot 10^{-6}$ m		300 pm		$3 \cdot 10^{-7}$ mm	
Erdumfang: 40 000 km	$4 \cdot 10^{7}$ m		$40 \cdot 10^{6}$ m		$400 \cdot 10^{-5}$ m		40 Mm	
Durchmesser eines Staubkorns: 2,5 µm	0,0025 mm		$2{,}5 \cdot 10^{-3}$ mm		$25 \cdot 10^{-6}$ m		2500 nm	
Anzahl richtiger Antworten:								

____

Startklar

Terme finden und berechnen

1 Zu der gezeichneten Figur sollen Terme für den Umfang u (x) und den Flächeninhalt A (x) gefunden werden. Kreuze die jeweils passenden Terme an.

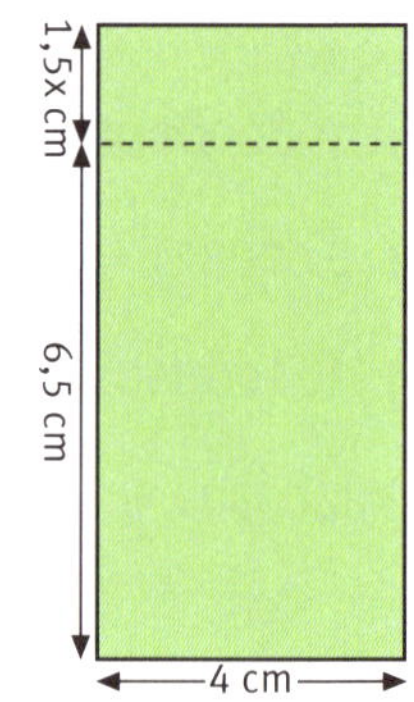

- ◯ $u(x) = [(1{,}5x + 6{,}5) \cdot 2 + 8]\,\text{cm}$
- ◯ $u(x) = [(10{,}5 + 1{,}5x) \cdot 2]\,\text{cm}$
- ◯ $u(x) = (3x + 13 + 8)\,\text{cm}$
- ◯ $u(x) = [(8x + 4) \cdot 2]\,\text{cm}$
- ◯ $u(x) = (1{,}5x + 6{,}5 + 4 + 6{,}5 + 1{,}5x + 4)\,\text{cm}$

- ◯ $A(x) = [(6{,}5 + 1{,}5x) \cdot 4]\,\text{cm}^2$
- ◯ $A(x) = (10{,}5 \cdot 1{,}5x)\,\text{cm}^2$
- ◯ $A(x) = (6x + 26)\,\text{cm}^2$
- ◯ $A(x) = (6{,}5 \cdot 4 + 4 \cdot 1{,}5x)\,\text{cm}^2$
- ◯ $A(x) = [(1{,}5x + 6{,}5x) \cdot 4]\,\text{cm}^2$

2 Welcher Term passt zu welcher Beschreibung? Verbinde.

Das Dreifache der Differenz aus einer Zahl und 7	Das Produkt aus 7 und der Summe einer Zahl und 3	Die Differenz aus dem Dreifachen einer Zahl und 7	Vom Quotienten aus 7 und einer Zahl wird 3 subtrahiert.	Das Produkt aus einer Zahl und der Summe aus 3 und 7	Die Summe aus 7 und einer Zahl wird durch 3 dividiert.
•	•	•	•	•	•
•	•	•	•	•	•
$3x - 7$	$x \cdot (3 + 7)$	$3 \cdot (x - 7)$	$(7 + x) : 3$	$7 : x - 3$	$7 \cdot (x + 3)$

Terme auf Äquivalenz überprüfen

3 Überprüfe mit der numerischen Wertetabelle, welche Terme für $x \in \{-1; 0; 3; 5\}$ äquivalent sind.

___ = ___

___ = ___

x				
$T_1(x) = 5 \cdot x + 20$				
$T_2(x) = (x + 4) \cdot 5$				
$T_3(x) = 5 \cdot (x + 20)$				
$T_4(x) = 4 \cdot x + 5 \cdot x$				
$T_5(x) = 100 + 5 \cdot x$				

Gleichungen lösen

4 Bestimme jeweils die Lösungsmenge in der Grundmenge $G = \mathbb{Z}$.

a) $x + 17 = 10 \quad | -17$

$\Leftrightarrow x =$ ______

L = ______

b) $a - 28 = 20 \quad |$ ______

$\Leftrightarrow a =$ ______

L = ______

c) $y : 7 = -2 \quad |$ ______

$\Leftrightarrow y =$ ______

L = ______

5 Stelle eine zum Bild passende Gleichung auf und löse sie ($G = \mathbb{Z}$).

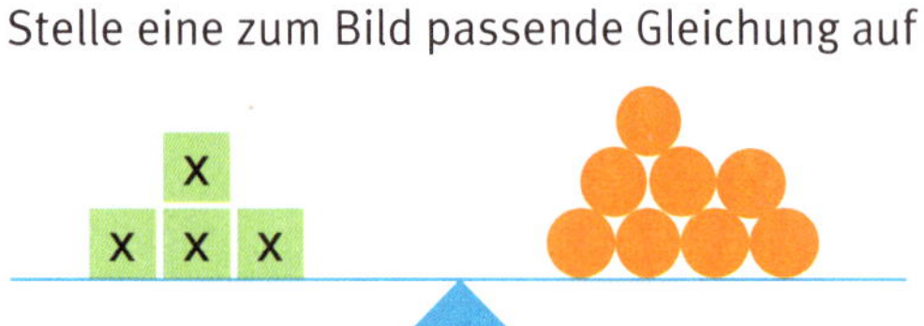

1 Vereinfache folgende Terme so weit wie möglich. Markiere deine Ergebnisse farbig auf der Ergebnisraupe. Die markierten Buchstaben ergeben in der Raupe ein Lösungswort.

a) $p + t + t - p - t + p + p + t - t - t =$ ______

b) $10 \cdot y - 7 \cdot y - 2 \cdot y + 21 \cdot y =$ ______

c) $3x + 7x - 5x =$ ______

d) $15a - 7a - 1{,}5a =$ ______

e) $3{,}7t - t + 12{,}4t =$ ______

f) $19{,}3r + 8r - 20{,}5r =$ ______

g) $4{,}2x + 7{,}2y - 0{,}9x =$ ______

h) $0{,}04x^2 + 3{,}8x + 7{,}1x^2 =$ ______

i) $0{,}6b + 3{,}85c - 0{,}2b + 1{,}15c =$ ______

j) $17xy + 5y + 28x + 13x - 9xy - 2y + 7xy - 3y =$ ______

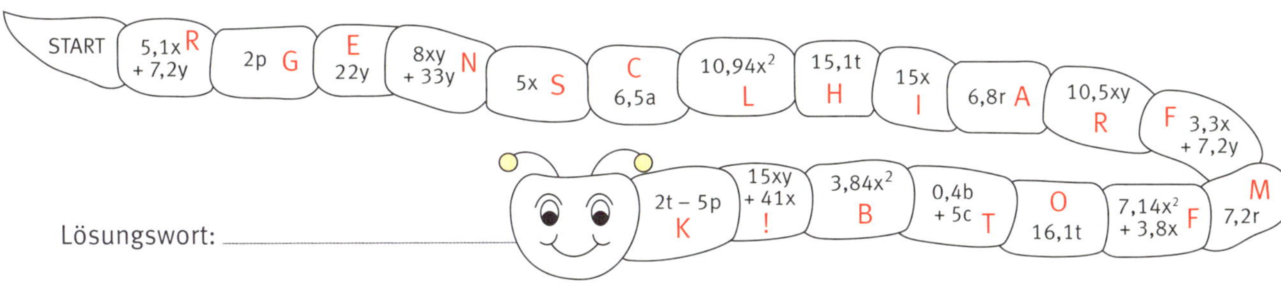

Lösungswort: ______

2 Ergänze so, dass die Rechnung stimmt.

a) $4p + 9q$ ______ $= 13p + 5q$

b) $3a + 10b$ ______ $- 7b = 17a$

c) $17x$ ______ $- 4x^2 = x^2 + 22{,}5x$

d) $3c$ ______ $+ 8d - 7c + 9c =$ ______ $+ 3d$

e) $13k + 7a - a - k - a$ ______ $= 9k +$ ______

f) $5ab + 13b - 5a$ ______ $- 3ab =$ ______ $+ 2b - 5a$

g) $13{,}5xy - 7{,}3xy - 8{,}7y + 12{,}1y =$ ______

h) $33{,}7p - 9{,}4p + 9{,}1p$ ______ $= 0$

i) $5st - \frac{24}{10}s +$ ______ $= 7\frac{1}{5}st -$ ______

j) $1{,}5x + 3{,}7k + 0{,}5k -$ ______ $= \frac{3}{2}x$

k)

3 Vervollständige die Additionsmauern.

a)

b)

Terme vereinfachen (2)

1 Verbinde äquivalente Terme miteinander.

$8a \cdot 2{,}5$	$26{,}4a : 2$	$b \cdot 3a \cdot 2{,}5b$	$4a \cdot 4 \cdot 2ab$	$\frac{2}{3}b \cdot a^2 \cdot 6$
$4a^2b$	$20a$	$32a^2b$	$7{,}5ab^2$	$13{,}2a$

2 Vereinfache so weit wie möglich.

a) $60rs : 12 =$

b) $9{,}2s \cdot 3s \cdot 5 =$

c) $3y \cdot 0{,}5z \cdot (-x) : 4 =$

d) $12r : \frac{3}{4} =$

e) $10s : 2{,}5 \cdot s^2 =$

f) $\frac{3}{5}s \cdot 8sx \cdot 5y =$

3 Ergänze so, dass die Rechnung stimmt.

a) $2{,}5x \cdot \square \cdot y = 12{,}5xyz$

b) $8a : \square \cdot 2b = \frac{1}{4}ab$

c) $15r \cdot \square = 20rst$

d) $(-1) \cdot \square\, abc = \frac{2}{7}abc$

e) $1\frac{1}{4}x \cdot \square = 25x$

f) $2 \cdot m \cdot n : \square = -2mn$

4 Ergänze. Der Wert eines Sternzackens ergibt sich aus dem Produkt der beiden angrenzenden Felder.

a)

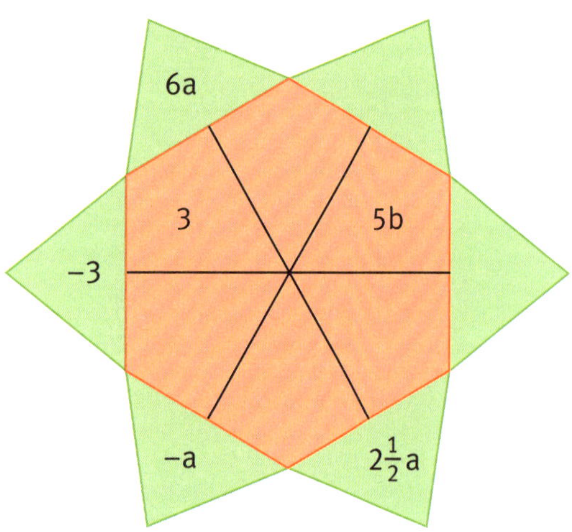

b)

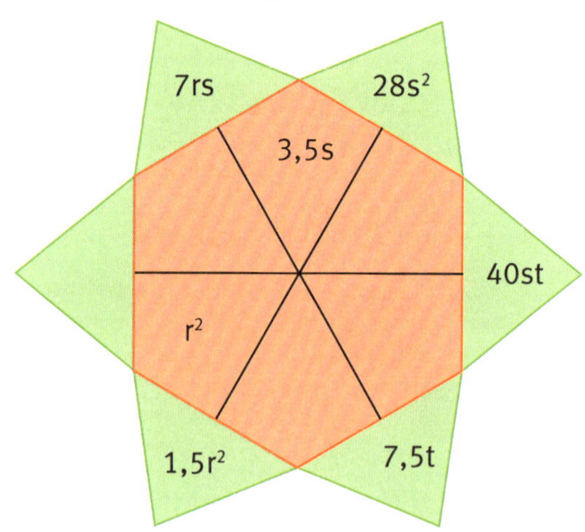

5 Vervollständige die Multiplikations- bzw. Divisionstabelle.

a)

$\cdot$	$-0{,}5ab$	$2{,}5a^2$	
$-4b^2$			$-24b^5$
$-2{,}8a \cdot b \cdot a$			
$\frac{2}{3}ab^3$			
$0{,}7a^{-1}b$			

b)

$:$	$-0{,}4x$	$8xy^2$	$-\frac{1}{3}x^2y$
$32x^2y^2$	$-80xy^2$		
$-7{,}2x^3y^2x$			
$0{,}8x^5y^7$			
$2{,}4x^2$			

1 Bestimme den passenden Wert für x und gib dann für die Grundmengen jeweils die Lösungsmenge an.

	Gleichung	x	$G = \mathbb{N}$	$G = \mathbb{Z}$	$G = \mathbb{Q}^-$	$G = \mathbb{Q}$
a)	$x + 7 = 5{,}5$	$x = -1{,}5$	$L = \{\,\}$	L =	L =	L =
b)	$-0{,}5x = -9$		L =	L =	L =	L =
c)	$0{,}8x - 0{,}3x = 0$		L =	L =	L =	L =

2 Gib zunächst die Grundmenge an. Stelle dann die Gleichung auf und finde im Kopf die Lösungsmenge.

a) Die Summe aus einer rationalen Zahl und 9,2 hat den Wert 8,4.

G = ______ Gleichung: ____________________ x = ______ L = ______

b) Wenn man zum Dreifachen einer natürlichen Zahl 5 addiert, so erhält man −1.

G = ______ Gleichung: ____________________ x = ______ L = ______

c) Das Produkt von 8 und der Summe aus einer ganzen Zahl und 1,5 ergibt −12.

G = ______ Gleichung: ____________________ x = ______ L = ______

3 Bestimme jeweils rechnerisch die Lösungsmenge durch Äquivalenzumformungen.

a) $G = \mathbb{Q}$

$-4y - 0{,}2 = -5 \quad | +0{,}2$

L =

b) $G = \mathbb{Z}$

$8{,}8 = 3{,}6a - 2 \quad | +2$

L =

c) $G = \mathbb{Q}^+$

$-\frac{4}{5}z + \frac{7}{20} = \frac{79}{20}$

L =

4 Fasse zuerst so weit wie möglich zusammen und bestimme dann die Lösungsmenge ($G = \mathbb{Q}$).

a) $-1{,}9x + 8{,}7 - 1{,}1 \cdot x - 1{,}5 = 2^3 \cdot 0{,}6$

b) $2\frac{7}{10}x + 1 - \frac{25}{28} - \frac{11}{5}x = -\frac{1}{28}$

5 Nicole schreibt ihrer neuen Brieffreundin in London einen „mathematischen Brief“.

Dear Susan,
My name is Nicole and I am $(2 \cdot x - 4) : 11 = 2$
years old and $\frac{5}{2} - \frac{3}{6} = 2y - 41 \cdot 2^3$ *cm tall.*
We live at Goethestraße number $4 - (a - 19) = -8^2$.
Please give me a call. My telephone number in
Germany is $v : 4 = 737{,}75$ *and then*
$\frac{1}{3} \cdot t - 66 = 15 \cdot 10^3$.
$10^4 : r = 10$ *kisses,*
Nicole

Übersetze den Brief ins Deutsche und berechne die fehlenden Angaben, indem du die Gleichungen löst.

6 Auf einem Wochenmarkt liest Miriam die Angebotstafel und kauft daraufhin einige Äpfel und eine Ananas. Dafür bezahlt sie 5,90 €. Berechne mit einer Maßzahlengleichung, wie viele Kilogramm Äpfel Miriam gekauft hat. Überlege dir auch eine sinnvolle Grundmenge.

7 Onkel Heiner geht gerne in eine Therme. Die ersten 2 Stunden kosten 11,50 €. Jede weitere halbe Stunde 1,60 €. Wie lange war er in der Therme, wenn er insgesamt 16,30 € bezahlt hat?

1 Gib für jede Ungleichung die Lösungsmengen über den verschiedenen Grundmengen an.

	$G = \mathbb{N}$	$G = \mathbb{Z}$	$G = \mathbb{Q}^+$	$G = \{-4{,}3;\ 1;\ 3{,}4\}$	$G = \mathbb{Q}$
$x \le 3{,}04$	$L = \{1;\ 2;\ 3\}$	L =	L =	L =	L =
$x > -2{,}7$	L =	L =	L =	L =	L =

2 Gib die Lösungsmengen an und zeichne sie in den angegebenen Farben in die Zahlengerade ein.

a) $x \le -4$ $G = \mathbb{Z}$ (grün) $z \ge 1{,}5$ $G = \mathbb{Q}$ (blau) $y > -2{,}5$ $G = \mathbb{Q}_0^-$ (rot)

L = ... L = __________________ L = - - - - - - - - - - - - - - - -

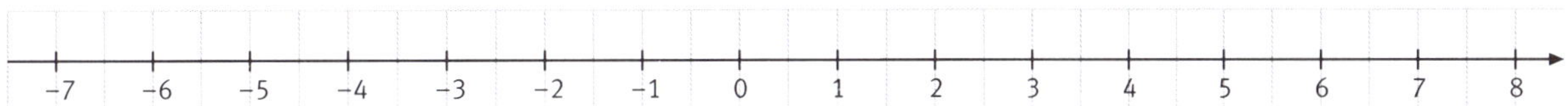

b) $x \le 3{,}7$ $G = \mathbb{N}$ (grün) $z \ge 4{,}2$ $G = \mathbb{Q}$ (blau) $y < 0$ $G = \mathbb{Q}^-$ (rot)

L = ... L = __________________ L = - - - - - - - - - - - - - - - -

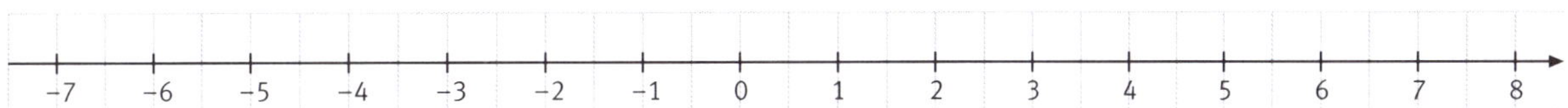

3 Welche Ungleichung bzw. Maßzahlenungleichung beschreibt die Aussage richtig?

a) Eine Breze kostet mindestens 0,50 €.	◯ $x > 0{,}50$	◯ $x < 0{,}50$	◯ $x \le 0{,}50$	◯ $x \ge 0{,}50$
b) Tim isst weniger als 4 Knödel.	◯ $x > 4$	◯ $x < 4$	◯ $x \le 4$	◯ $x \ge 4$
c) Jan ist größer als 1,80 m.	◯ $x > 1{,}80$	◯ $x < 1{,}80$	◯ $x \le 1{,}80$	◯ $x \ge 1{,}80$
d) Mehr als 50 % der Schüler mögen Mathe.	◯ $x > 50\,\%$	◯ $x < 50\,\%$	◯ $x \le 50\,\%$	◯ $x \ge 50\,\%$
e) Eine Ex dauert höchstens 20 Minuten.	◯ $x > 20$	◯ $x < 20$	◯ $x \le 20$	◯ $x \ge 20$

4 Löse die Ungleichungen mithilfe von Äquivalenzumformungen.

a) $G = \mathbb{Q}$

❶ $-0{,}7t + 12{,}1 \ge 12{,}94$

❷ $4{,}05 > x : (-5) - 0{,}25$

b) $G = \mathbb{N}_0$

❶ $0{,}9x - 13{,}78^0 - 1{,}3x > -0{,}52$

❷ $\frac{3}{8}x + \left(\frac{3}{10}\right)^2 - 2 \le -1{,}91$

Startklar

Mit dem Koordinatensystem umgehen

1 Ergänze die Zeichnung jeweils zu einem Parallelogramm ABCD und gib die Koordinaten aller Eckpunkte an. Notiere dann, um welche Sonderform eines Parallelogramms es sich handelt.

a)
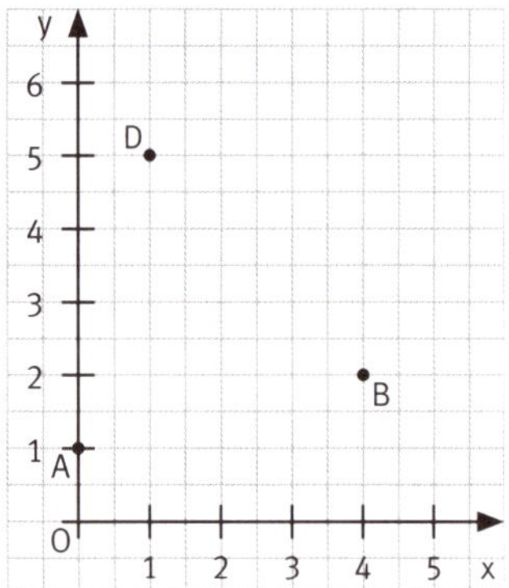

Koordinaten:

A (___|___) B (___|___)

C (___|___) D (___|___)

Sonderform:

____

b)
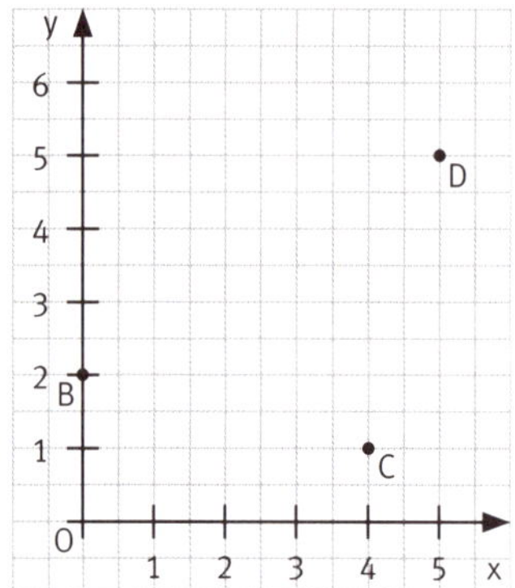

A (___|___) B (___|___)

C (___|___) D (___|___)

Sonderform:

____

c)
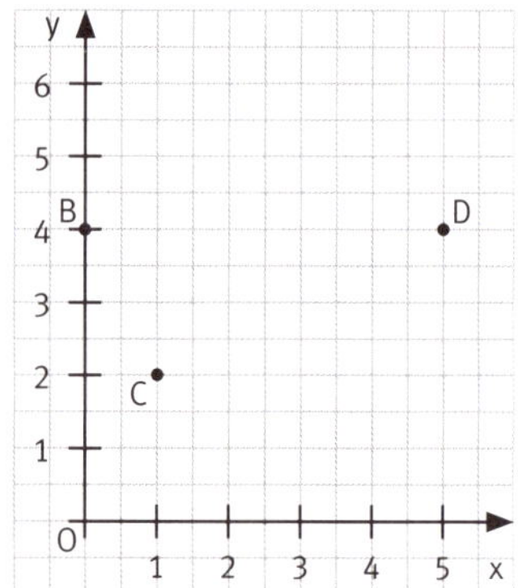

A (___|___) B (___|___)

C (___|___) D (___|___)

Sonderform:

____

An Achsen spiegeln

2 Spiegle die vorgegebenen Figuren jeweils an der Achse a. Beschrifte jeweils die Bildfigur.

a)
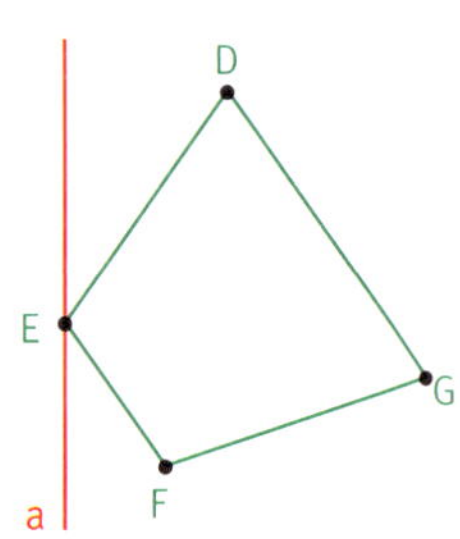

b)
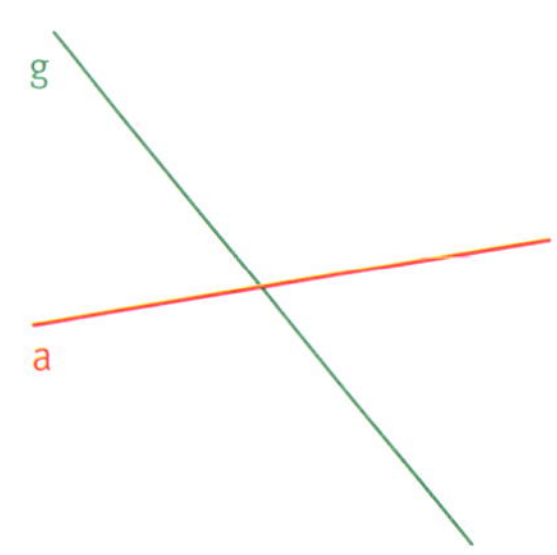

c)
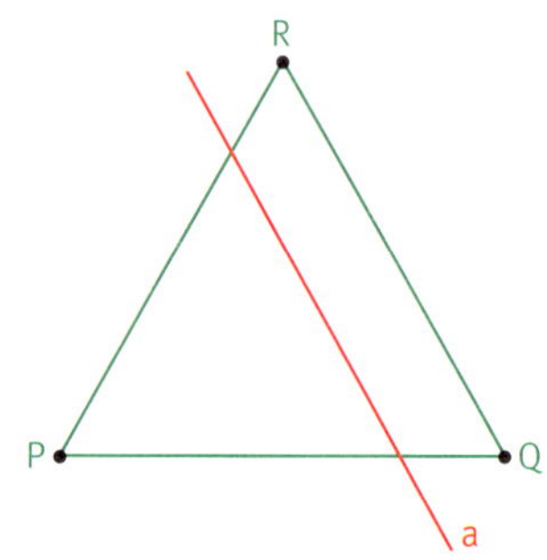

Winkelmaße bestimmen

3 Benenne den Winkel mithilfe der gegebenen Punkte, bestimme sein Maß und gib die Art des Winkels an.

	a)	b)	c)
	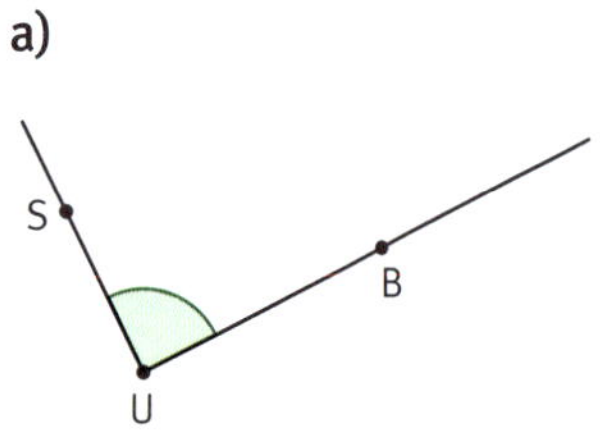	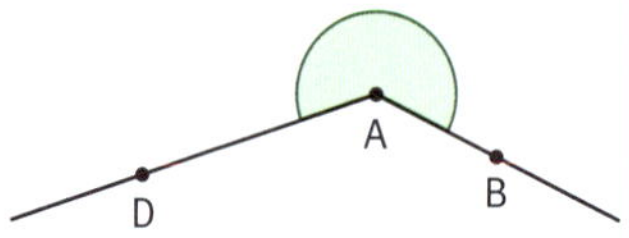	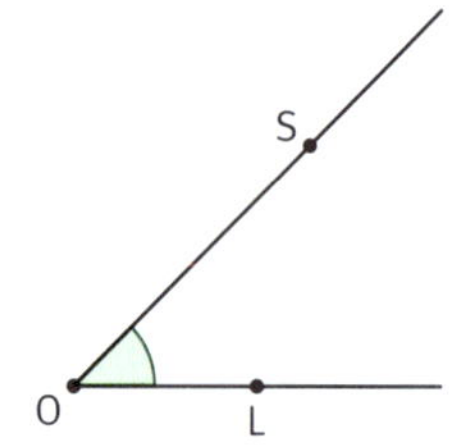
Name	∢B __ __		
Winkelmaß			
Winkelart			

1 Überprüfe, ob eine Parallelverschiebung vorliegt oder nicht. Begründe deine Entscheidung.

a)

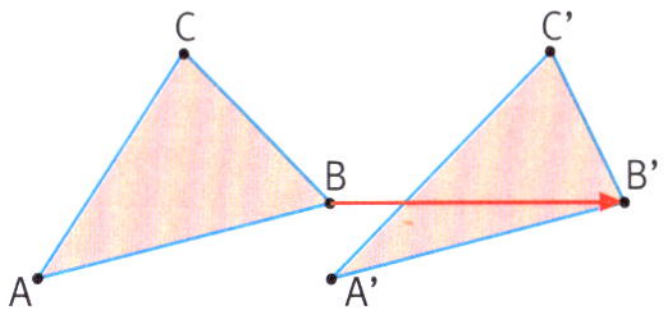

b)

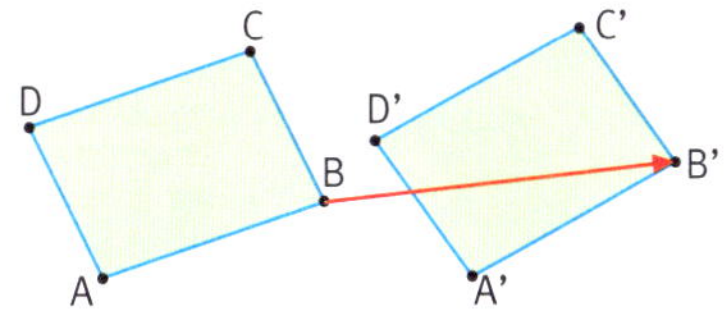

c)

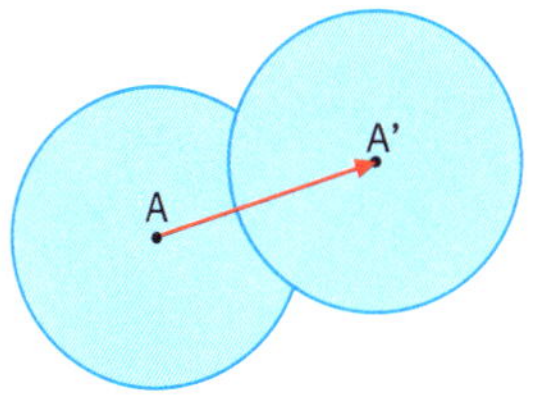

_______________ _______________ _______________

_______________ _______________ _______________

2 a) Bilde die Figuren durch eine Verschiebung um $\vec{v}$ mit Verschiebungspfeil $\overrightarrow{UV}$ (U (3 | 3,5), V (1 | 4,5)) ab.
b) Wie viele Punkte musst du dabei jeweils mindestens abbilden? Benenne diese Punkte.

Kreis: ______ Punkt(e)

____

____

Strecke: ______ Punkt(e)

____

Winkel: ______ Punkt(e)

____

____

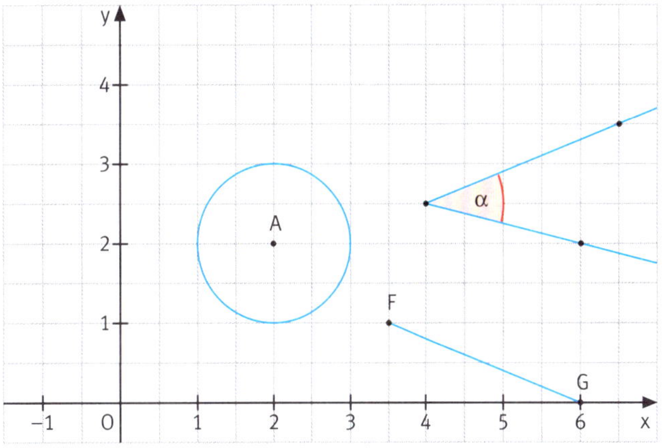

3 Welche der folgenden Aussagen sind wahr (w) oder falsch (f)? Bei einer Parallelverschiebung ...

		w	f
a)	gibt es keine Fixpunkte.	◯	◯
b)	kann es keine Fixgeraden geben.	◯	◯
c)	sind alle Verschiebungspfeile gleich lang.	◯	◯
d)	sind Bild und Urbild kongruent.	◯	◯
e)	ändert sich der Drehsinn einer Figur.	◯	◯
f)	wird jeder Punkt um die gleiche Streckenlänge verschoben.	◯	◯

4 Gegeben ist ein Drachenviereck ABCD mit A (1 | 0,5), C (1 | 3,5) und D (0 | 2,5) sowie die Parallelverschiebung um $\vec{v}$ mit Verschiebungspfeil $\overrightarrow{BB'}$ und B' (6 | 2).
a) Zeichne den Drachen und gib die Koordinaten von B an. B (____ | ____)
b) Zeichne den Verschiebungspfeil $\overrightarrow{BB'}$.
c) Ergänze die Punkte A', C' und D' und gib ihre Koordinaten an.

A' (____ | ____) C' (____ | ____) D' (____ | ____)

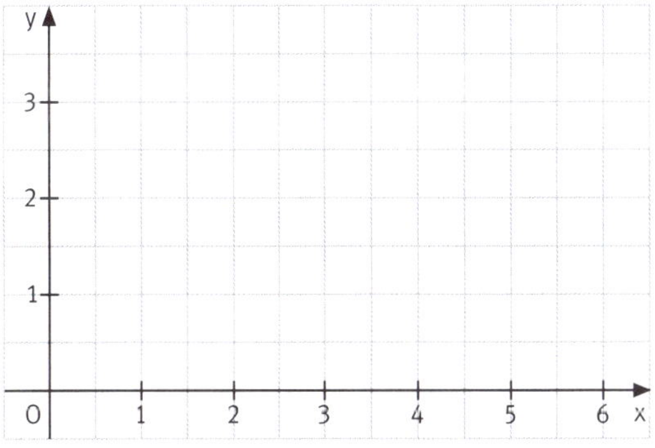

5 Trage in die Bandornamente jeweils den kürzesten (waagrechten) Verschiebungspfeil ein, der das Muster auf sich selbst abbildet. Der Fuß des Pfeils soll dabei im roten Punkt liegen.

a)

b)

6 Gegeben ist ein Dreieck ABC und zwei Spiegelachsen s_1 und s_2.

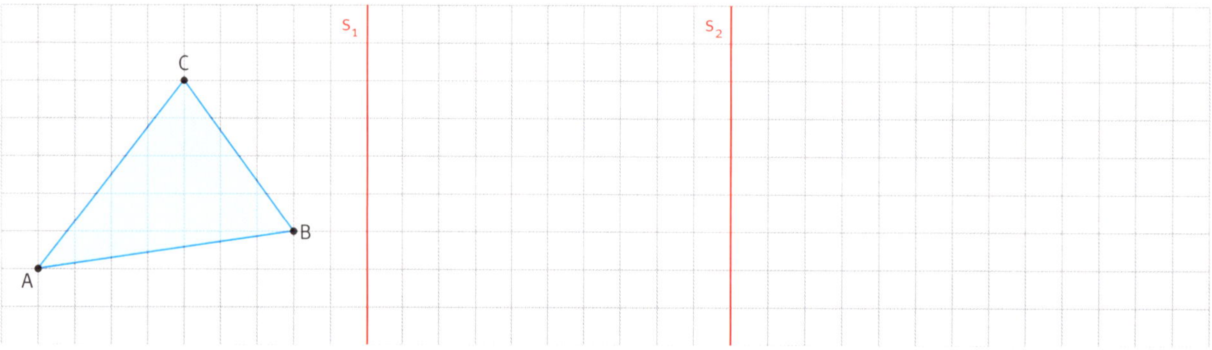

a) Spiegle das Dreieck an s_1 und dieses Bild anschließend an s_2.

b) Ersetze die Spiegelung durch eine Verschiebung um einen Verschiebungspfeil und miss die Länge dieses Pfeils. Vergleiche die Länge des Pfeils mit dem Abstand der beiden Spiegelachsen.

Der Verschiebungspfeil ist ______ cm lang. Der Abstand der Spiegelachsen beträgt ______ cm.

____

7 Gegeben ist ein Dreieck ABC sowie die Punkte D (4,5 | 0,5) und E (2 | 5,5). Durch Parallelverschiebung des Dreiecks wird B auf B' (7 | 3) abgebildet.

a) Zeichne das Dreieck A'B'C' und gib die Koordinaten von A' und C' an.

A' (_____ | _____)   C' (_____ | _____)

b) Die Parallelverschiebung wird durch eine Doppelachsenspiegelung ersetzt. Die erste Spiegelachse ist s_1 = DE. Zeichne das Bilddreieck A*B*C* zu der Spiegelung an s_1 und gib die Koordinaten von A*, B* und C* an.

A* (_____ | _____)   B* (_____ | _____)

C* (_____ | _____)

c) Zeichne die zweite Spiegelachse s_2 ein, die das Dreieck A*B*C* auf das Dreieck A'B'C' abbildet.
Gib zwei Punkte an, durch die s_2 verläuft.

(_____ | _____)   (_____ | _____)

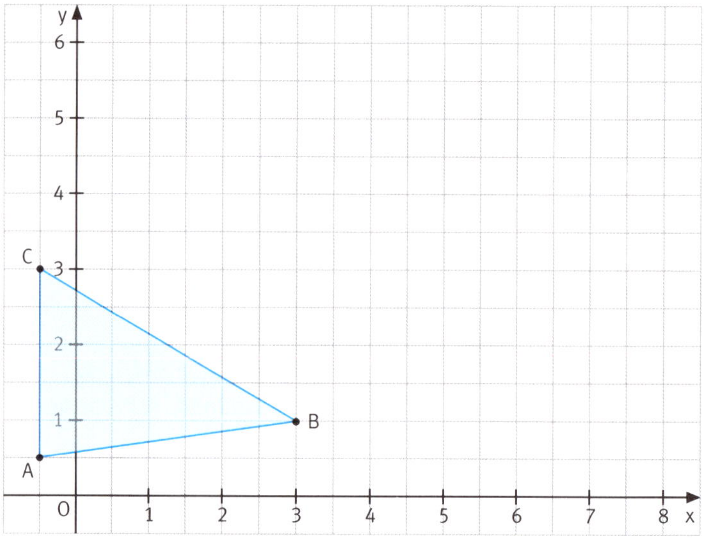

1 Gegeben sind folgende Vektoren:
$\vec{a} = \binom{-1}{2}$; $\vec{b} = \binom{-1{,}5}{-1}$; $\vec{c} = \binom{2{,}5}{-1{,}5}$; $\vec{d} = \binom{2}{1}$; $\vec{e} = \binom{1}{1{,}5}$
Zeichne jeweils denjenigen Repräsentanten zu den gegebenen Vektoren, dessen ...

① Fuß bei (–1 | 0,5) liegt.

② Spitze bei (2 | 1) liegt.

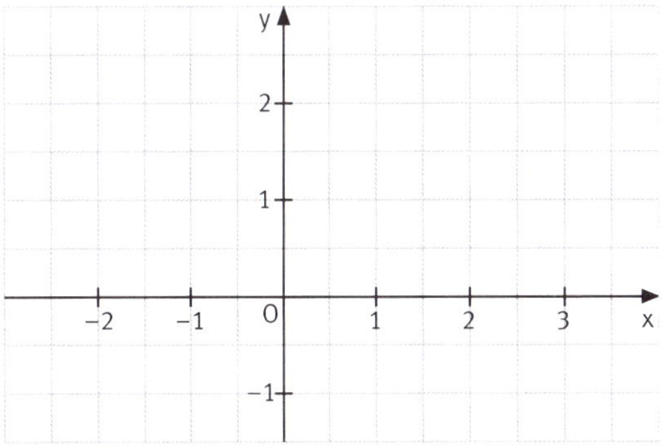

2 Gegeben sind die dargestellten Pfeile.

a) Gib die Vektorkoordinaten der Pfeile an.

$\overrightarrow{AA'} = \binom{1}{3}$; $\overrightarrow{BB'} = \Big(\quad\Big)$; ______

______

______

b) Welche Pfeile gehören zum selben Vektor?

$\vec{v} =$ {$\overrightarrow{AA'}$; ______

$\vec{w} =$ ______

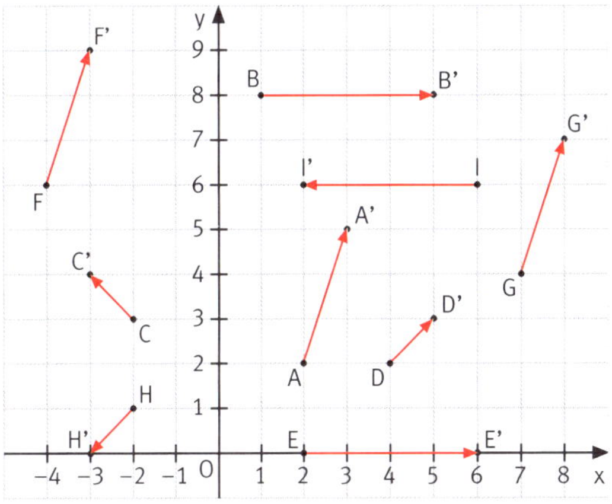

3 Die Vierecke ABCD werden durch Parallelverschiebung um $\vec{u}$, $\vec{v}$ bzw. $\vec{w}$ auf die Vierecke A'B'C'D' abgebildet. Zeichne einen Repräsentanten des Vektors ein. Ordne dem Vektor die Nummer des entsprechenden Bildes zu.

a) $\vec{u} = \binom{-1{,}5}{0}$ Bild ____ b) $\vec{v} = \binom{2}{-1}$ Bild ____ c) $\vec{w} = \binom{2}{0{,}5}$ Bild ____

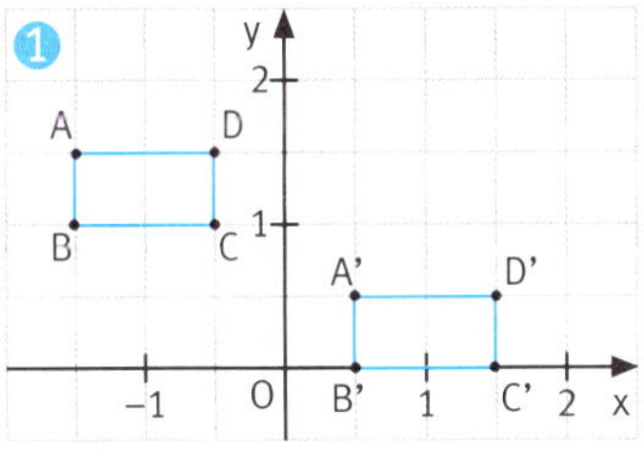

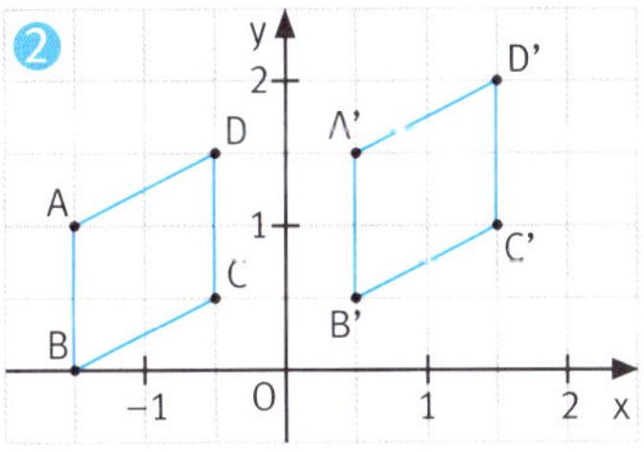

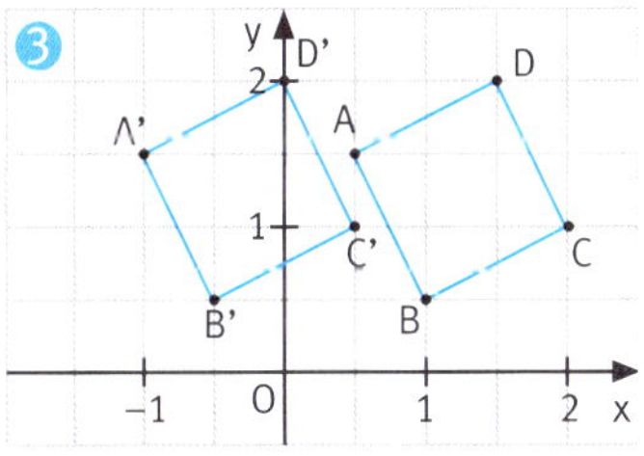

4 Gegeben sind die Vektoren $\vec{a}$, $\vec{b}$, $\vec{c}$ und $\vec{d}$.
Zeichne jeweils den Repräsentanten zum ...

a) Vektor $\vec{a}$ mit ...
① (1 | 5) als Spitze. ② (–2 | 0) als Fußpunkt.

b) Vektor $\vec{b}$ mit ...
① (4 | 0) als Spitze. ② (0 | 3) als Fußpunkt.

c) Vektor $\vec{c}$ mit ...
① (–3 | 0) als Spitze. ② (5 | 3) als Fußpunkt.

d) Vektor $\vec{d}$ mit ...
① (–3 | –1) als Spitze. ② (4 | 2) als Fußpunkt.

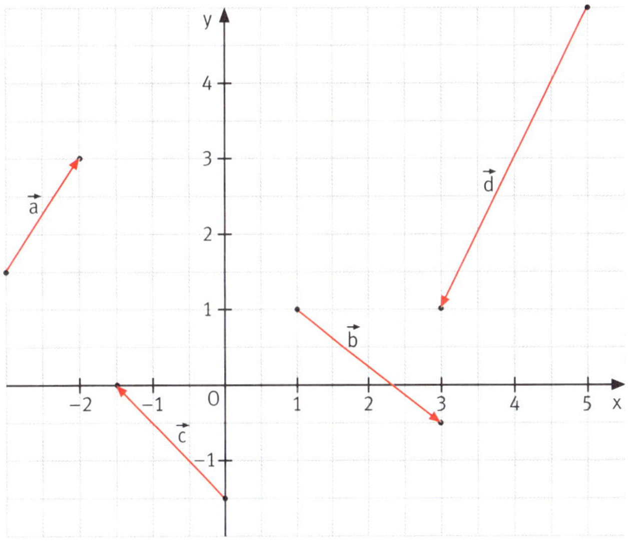

1 Berechne die Vektoren aus den gegebenen Punkten: A (5 | 3), B (–1 | 2), C (3 | –2) und D (–3 | –1).

a) $\overrightarrow{AB} = \begin{pmatrix} -1-5 \\ 2-3 \end{pmatrix} =$ ______ b) $\overrightarrow{BC} = \begin{pmatrix} \_\_ - \_\_ \\ \_\_ - \_\_ \end{pmatrix} =$ ______

c) $\overrightarrow{CD} =$ ______ d) $\overrightarrow{BA} =$ ______

e) $\overrightarrow{DB} =$ ______ f) $\overrightarrow{CA} =$ ______

2 Berechne die fehlenden Einträge, wobei O der Ursprung (0 | 0) ist.

	a)	b)	c)	d)	e)	f)
R	(1 | 2)		(–3 | 1)	(1,5 | –3,5)	(____ | 2)	(–1 | ____)
S	(3 | 3)	(–1 | 3)			(–1 | ____)	
$\overrightarrow{RS}$		$\binom{2}{4}$		$\binom{-2}{5}$	$\binom{3}{-1{,}5}$	$\binom{3}{-1{,}5}$
$\overrightarrow{OS}$			$\binom{-3}{5}$			$\binom{\_\_}{3}$

3 Ein Parallelogramm ABCD mit A (–1 | 3), C (3 | 3) und D (1,5 | 4) wird durch Parallelverschiebung auf A'B'C'D' abgebildet. Es gilt: B'(4 | 1).

a) Zeichne die Punkte in das Koordinatensystem und vervollständige das Parallelogramm.

b) Berechne die Koordinaten des Vektors $\vec{v}$ mit Repräsentant $\overrightarrow{BB'}$.

______

c) Berechne die Koordinaten der Bildpunkte A', C' und D'. Überprüfe in der Zeichnung.

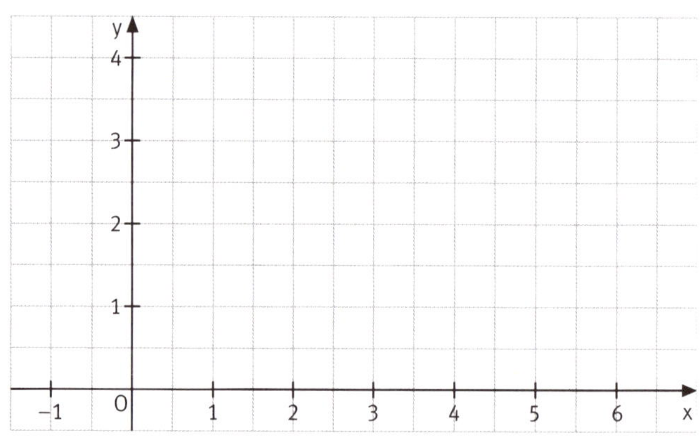

______

______

4 Ein Flugzeug fliegt vom Flughafen Nürnberg (S) mit Umweg über Nördlingen (C) nach München Franz Josef Strauß (F) und bewegt sich dabei näherungsweise entlang des roten Streckenzugs.

a) Gib die Koordinaten der Punkte an, an denen sich die Flugbahn orientiert.

A (6,5 | ____) B (____ | ____) C (____ | ____)

D (____ | ____) E (____ | ____) F (____ | ____)

b) Gib die Koordinaten der Vektoren an.

$\vec{a} =$ ____ $\vec{b} =$ ____ $\vec{c} =$ ____

$\vec{d} =$ ____ $\vec{e} =$ ____ $\vec{f} =$ ____

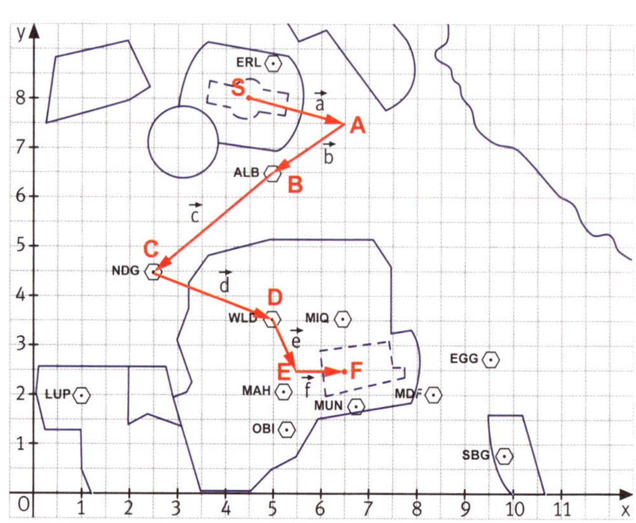

1 P wird um $\vec{v}$ auf P' verschoben. Berechne die Koordinaten von $\vec{v}$ und die des Gegenvektors $\vec{v}^*$.

a) P (5 | 6); P' (1 | 2) **b)** P (2 | 4); P' (5 | 7) **c)** P (0 | 3); P' (4 | 4)

$\vec{v} = \begin{pmatrix} 1 - \\ 2 - \end{pmatrix} = \begin{pmatrix} \end{pmatrix}$

$\vec{v}^* = \begin{pmatrix} \end{pmatrix}$

2 Vom Drachenviereck ABCD sind die Punkte A (0,5 | 1) und D (1,5 | 3,5) bekannt. Gegeben ist weiterhin der Gegenvektor $\vec{v}^* = \begin{pmatrix} -3 \\ -2 \end{pmatrix}$ der Verschiebung ABCD $\xrightarrow{\vec{v}}$ A'B'C'D' und die Lage von B' (4,5 | 2).

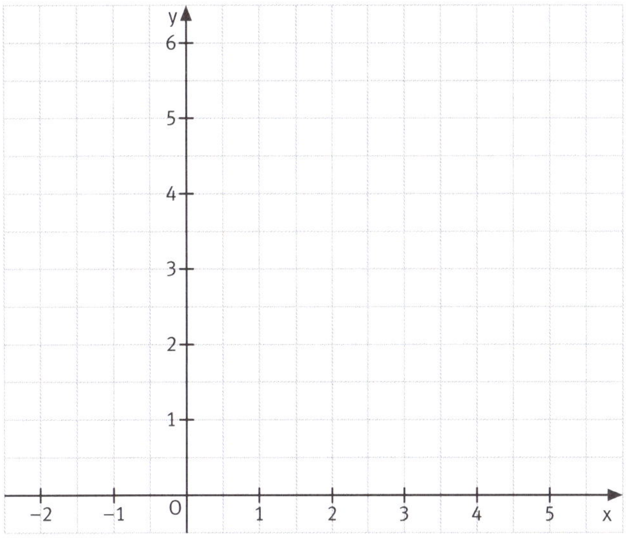

a) Ermittle die Koordinaten des Punktes B und zeichne ihn ein. B (____ | ____)

b) Ergänze die Figuren zu Drachen und gib die Koordinaten von C und C' an.

C (____ | ____) C' (____ | ____)

c) Eine weitere Verschiebung ist durch den Bildpunkt C'' (0|3,5) festgelegt. Berechne aus C, C' und C'' die Koordinaten der Verschiebungsvektoren $\overrightarrow{CC'}$, $\overrightarrow{CC''}$ und $\overrightarrow{C'C''}$.

____

____

d) Zeichne das Drachenviereck A''B''C''D'' sowie die Vektoren $\overrightarrow{CC'}$, $\overrightarrow{CC''}$ und $\overrightarrow{C'C''}$ ein.

3 Von einem Vektor $\vec{v} = \overrightarrow{PP'} = \overrightarrow{QQ'}$ ist nur sein Gegenvektor $\vec{v}^*$ bekannt. Vervollständige die Punktkoordinaten.

a) $\vec{v}^* = \begin{pmatrix} -2 \\ 4 \end{pmatrix}$ P (1 | 3); P' (____ | ____) Q (3 | 3); Q' (____ | ____)

b) $\vec{v}^* = \begin{pmatrix} 0 \\ 2 \end{pmatrix}$ P (3 | ____); P' (____ | 2) Q (____ | 5); Q' (2 | ____)

c) $\vec{v}^* = \begin{pmatrix} -3 \\ -1 \end{pmatrix}$ P (____ | 1); P' (7 | ____) Q (−2 | ____); Q' (____ | 3)

d) $\vec{v}^* = \begin{pmatrix} -4 \\ 1 \end{pmatrix}$ P (____ | 4); P' (9 | ____) Q (−2 | ____); Q' (____ | −4)

4 Gib für die Dame und den Springer alle Bewegungen in Vektoren an, sodass sie von ihrer Position wieder in die Ausgangsposition (4 | 4) zurückkommen.

Dame

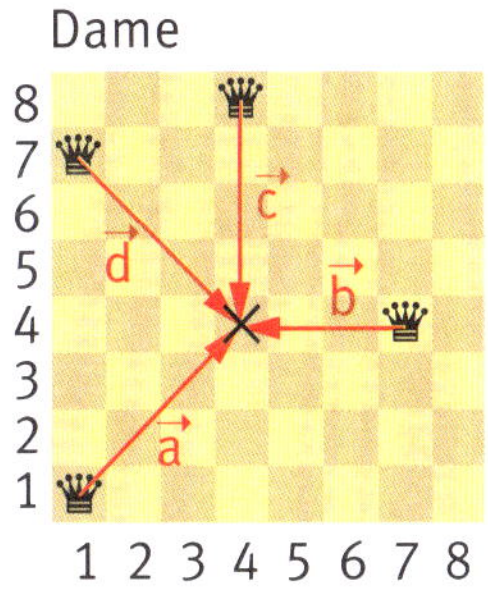

Springer

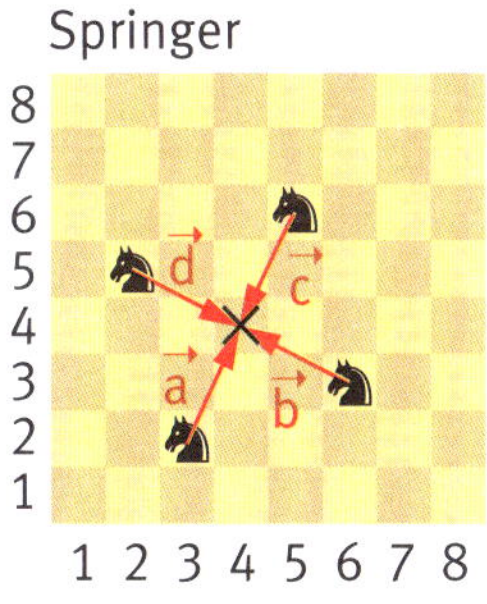

Dame:

$\vec{a} = \begin{pmatrix} 3 \\ 3 \end{pmatrix}$ $\vec{b} =$ $\vec{c} =$ $\vec{d} =$

Springer:

$\vec{a} =$ $\vec{b} =$ $\vec{c} =$ $\vec{d} =$

1 Fülle die Lücken in den Vektorsummen.

a) $\begin{pmatrix} 2,5 \\ 1,9 \end{pmatrix} \oplus \begin{pmatrix} 4,2 \\ 1,1 \end{pmatrix} = \begin{pmatrix} \\ \end{pmatrix}$ **b)** $\begin{pmatrix} -2,7 \\ 1,4 \end{pmatrix} \oplus \begin{pmatrix} 3,1 \\ -4,2 \end{pmatrix} = \begin{pmatrix} \\ \end{pmatrix}$ **c)** $\begin{pmatrix} -2 \\ 3,2 \end{pmatrix} \oplus \begin{pmatrix} 2,9 \\ \end{pmatrix} = \begin{pmatrix} \\ 2 \end{pmatrix}$ **d)** $\begin{pmatrix} \\ 2,2 \end{pmatrix} \oplus \begin{pmatrix} 3,9 \\ \end{pmatrix} = \begin{pmatrix} 4,4 \\ 1,4 \end{pmatrix}$

2 Gegeben sind das Dreieck ABC und die Verschiebungsvektoren $\vec{v} = \begin{pmatrix} -3 \\ -2,5 \end{pmatrix}$ und $\vec{w} = \begin{pmatrix} 1 \\ 3 \end{pmatrix}$.

a) Führe die Verschiebung des Dreiecks ABC zuerst mit $\vec{v}$ zum Dreieck A*B*C*, danach mit $\vec{w}$ zum Dreieck A'B'C' durch.

b) Berechne mithilfe einer Vektoraddition die Koordinaten eines Vektors $\vec{z}$, der die Verschiebung $\Delta ABC \xrightarrow{\vec{z}} \Delta A'B'C'$ beschreibt.

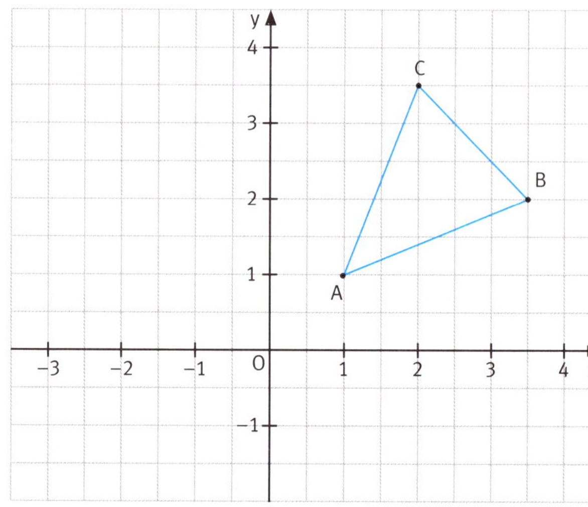

3 Um zufällige Bewegungen, beispielsweise von Staubteilchen, zu berechnen, gibt ein Computer nacheinander Zufallsvektoren aus. Berechne den Vektor, der die Lage des Staubteilchens nach 3, 5 und 8 Zufallsschritten beschreibt. Zeichne jeweils die Lage des Staubteilchens ein, das sich am Anfang im Ursprung befindet.

Zufallsvektoren:

$\begin{pmatrix} 1 \\ 2 \end{pmatrix}$; $\begin{pmatrix} -2 \\ -1 \end{pmatrix}$; $\begin{pmatrix} 3 \\ -1,5 \end{pmatrix}$; $\begin{pmatrix} -2 \\ -1 \end{pmatrix}$; $\begin{pmatrix} 2,5 \\ -2,5 \end{pmatrix}$;
$\begin{pmatrix} 3 \\ 0 \end{pmatrix}$; $\begin{pmatrix} 0,5 \\ 2 \end{pmatrix}$; $\begin{pmatrix} 3 \\ -2 \end{pmatrix}$

$\vec{v}_3 = \begin{pmatrix} \\ \end{pmatrix}$ $\vec{v}_5 = \begin{pmatrix} \\ \end{pmatrix}$ $\vec{v}_8 = \begin{pmatrix} \\ \end{pmatrix}$

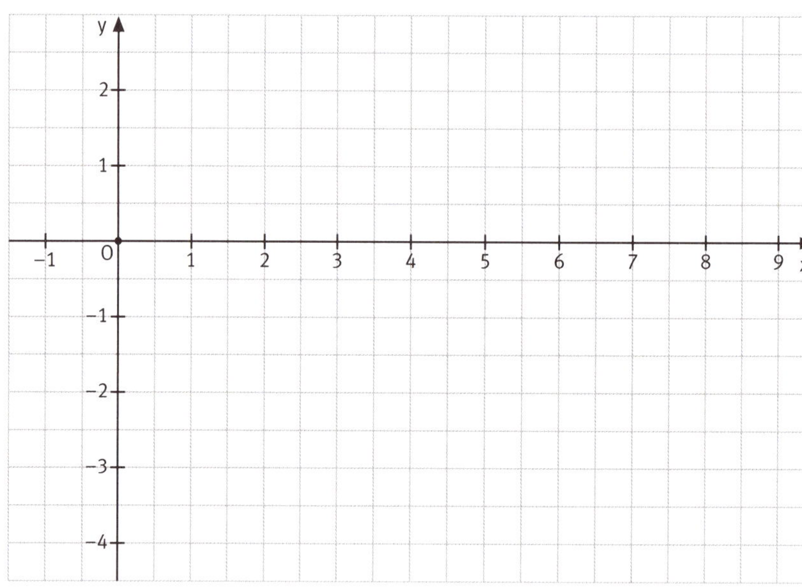

4 Die Geschwindigkeit und Sprungrichtung eines Weitspringers beim Absprung kann man durch einen Vektor beschreiben, den man in eine horizontale und eine vertikale Komponente zerlegt. Bestimme jeweils die Summe aus den beiden eingezeichneten Vektoren und zeichne den berechneten Geschwindigkeitsvektor in das Schaubild ein.

Springer 1

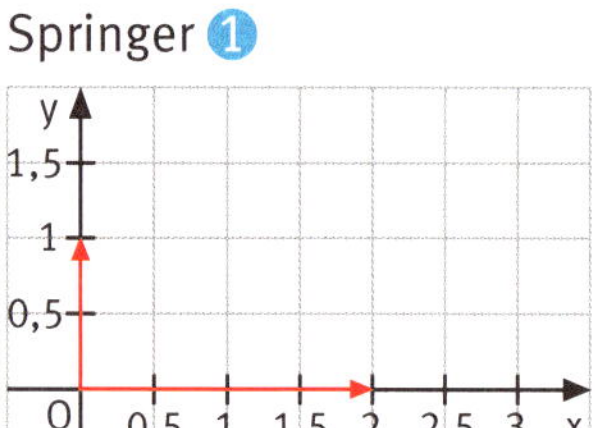

$\vec{v}_1 = \begin{pmatrix} 2 \\ 0 \end{pmatrix} \oplus \begin{pmatrix} 0 \\ 1 \end{pmatrix} = \begin{pmatrix} \\ \end{pmatrix}$

Springer 2

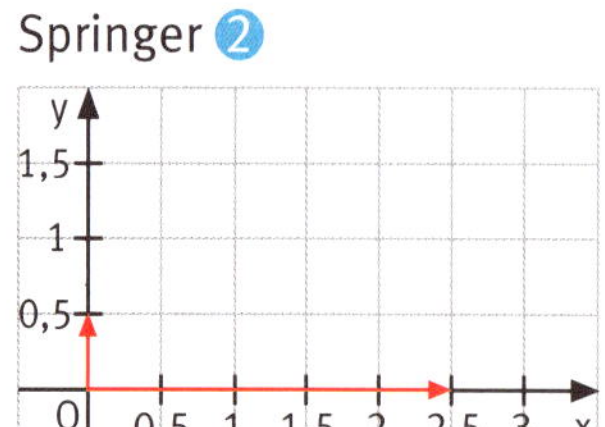

$\vec{v}_2 =$

Springer 3

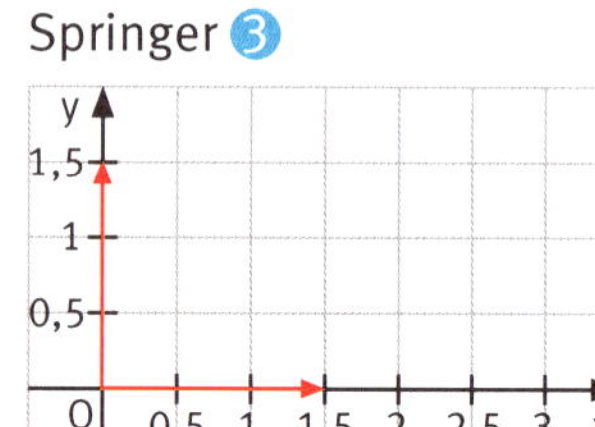

1 Berechne zu den gegebenen Endpunkten einer Strecke deren Mittelpunkt. Überprüfe deine Rechnung durch eine Zeichnung.

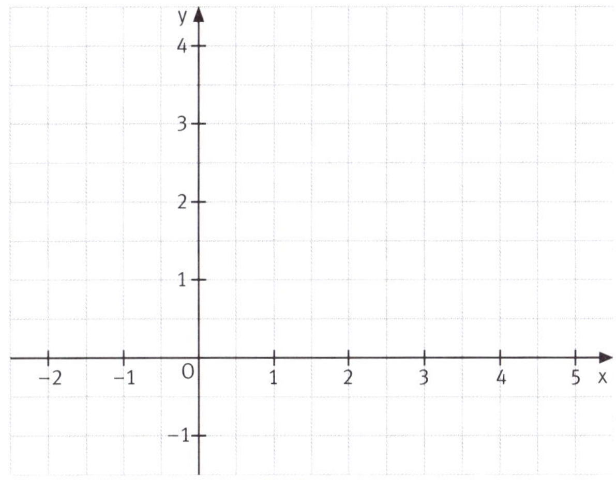

a) A (4 | 3,5); B (1 | 0,5)

$M_{\overline{AB}}\left(\frac{4+1}{2} \,\middle|\, \frac{\quad + \quad}{2}\right) = M_{\overline{AB}}$ (____ | ____)

b) C (−2 | 4); D (5 | −1)

____

c) E (−2 | −0,5); F (4 | 0,5)

____

d) G (−2 | 3); H (1 | −1)

____

2 **a)** Berechne die Mittelpunkte der Seiten des Vierecks ABCD und zeichne sie ein. Benenne den Mittelpunkt von a mit M_a usw.

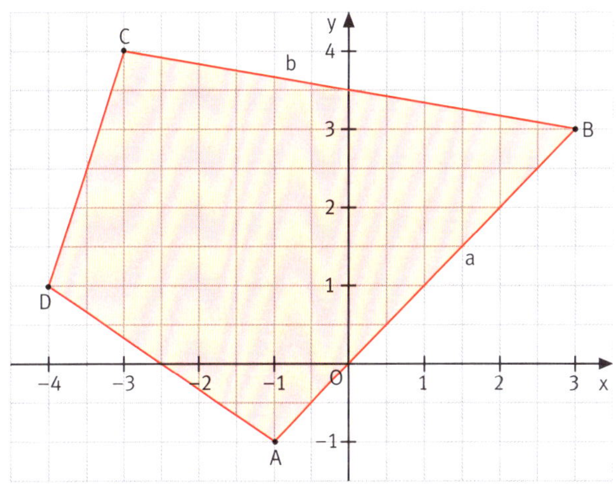

$M_a\left(\frac{\quad + \quad}{2} \,\middle|\, \frac{\quad + \quad}{}\right) = M_a$ (____ | ____)

$M_b\left(\frac{\quad + \quad}{2} \,\middle|\, \frac{\quad + \quad}{}\right) = M_b$ (____ | ____)

____

____

b) Verbinde die Mittelpunkte im Uhrzeigersinn zu einem neuen Viereck. Benenne dieses

Viereck. ______________________________

c) Berechne die Koordinaten der Pfeile von Mittelpunkt zu Mittelpunkt.

$\overrightarrow{M_aM_b} =$ $\qquad$ $\overrightarrow{M_bM_c} =$

3 Georg möchte rechnerisch an einem Beispiel prüfen, ob sich die Diagonalen in einem Parallelogramm halbieren. Er überlegt: „Ich bestimme zunächst die Mittelpunkte beider Diagonalen. Wenn diese übereinstimmen, dann ist die Behauptung richtig."

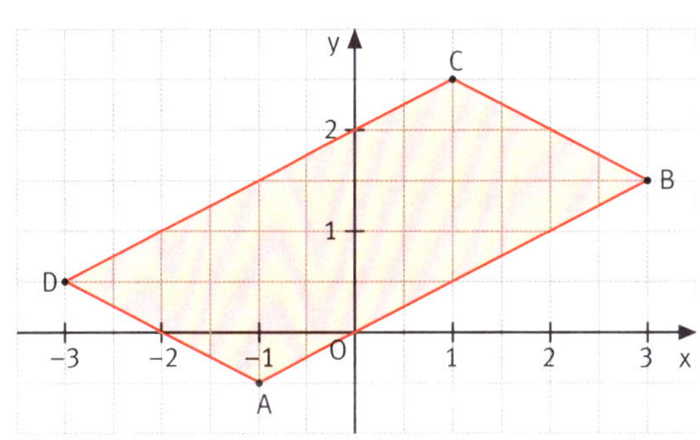

a) Ist das Vorgehen von Georg richtig? Begründe.

____

____

b) Bestimme die Mittelpunkte der Diagonalen.

$M_{\overline{AC}}\left(\frac{\quad + \quad}{} \,\middle|\, \frac{\quad + \quad}{}\right) = M_{\overline{AC}}$ (____ | ____) $\quad M_{\overline{BD}}\left(\frac{\quad + \quad}{} \,\middle|\, \frac{\quad + \quad}{}\right) = M_{\overline{BD}}$ (____ | ____)

c) Was stellst du fest und was kannst du daraus schließen? ______________________________

____

1 Berechne den Wert der Determinante.

a) $\begin{vmatrix} 2 & 3 \\ 5 & 4 \end{vmatrix} = 8 - \_\_\_ = \_\_\_$ b) $\begin{vmatrix} -2 & 7 \\ 5 & 1 \end{vmatrix} = \_\_\_ - \_\_\_ = \_\_\_$

c) $\begin{vmatrix} 7 & -3 \\ 6 & 0 \end{vmatrix} = \_\_\_ - \_\_\_ = \_\_\_$ d) $\begin{vmatrix} -8 & 0 \\ 79 & -5 \end{vmatrix} = \_\_\_ - \_\_\_ = \_\_\_$

e) $\begin{vmatrix} 0 & 3 \\ -11 & 4 \end{vmatrix} = \_\_\_ - \_\_\_ = \_\_\_$ f) $\begin{vmatrix} 2a & -a \\ 5 & -3 \end{vmatrix} = \_\_\_ - \_\_\_ = \_\_\_$

2 In einem Koordinatensystem wird ein Dreieck ABC durch die gegebenen Vektoren aufgespannt. Berechne seinen Flächeninhalt. Überprüfe hierzu zunächst, ob die Vektoren denselben Fußpunkt (**sF**) haben. Sollte dies nicht der Fall sein, dann ergänze einen passenden Vektor.

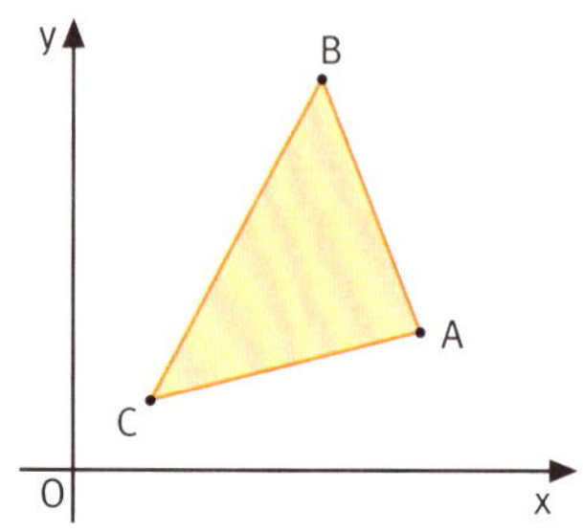

a) $\overrightarrow{CA} = \begin{pmatrix} 5 \\ 2 \end{pmatrix}$ $\overrightarrow{CB} = \begin{pmatrix} 4 \\ 3 \end{pmatrix}$ sF: ⊗ ja ◯ nein

$A_{\Delta ABC} = \frac{1}{2} \begin{vmatrix} 5 & \_ \\ 2 & \_ \end{vmatrix}$ FE = ___

b) $\overrightarrow{AC} = \begin{pmatrix} 5 \\ 4 \end{pmatrix}$ $\overrightarrow{AB} = \begin{pmatrix} 2 \\ -3 \end{pmatrix}$ sF: ◯ ja ◯ nein

$A_{\Delta ABC} = \frac{1}{2} | \_\_\_ |$ FE = ___

c) $\overrightarrow{BA} = \begin{pmatrix} 0 \\ 9 \end{pmatrix}$ $\overrightarrow{BC} = \begin{pmatrix} 10 \\ -7 \end{pmatrix}$ sF: ◯ ja ◯ nein

___

d) $\overrightarrow{AC} = \begin{pmatrix} -4 \\ 9 \end{pmatrix}$ $\overrightarrow{BA} = \begin{pmatrix} -2 \\ -7 \end{pmatrix}$ sF: ◯ ja ⊗ nein $\overrightarrow{AB} = \begin{pmatrix} \_ \end{pmatrix}$

$A_{\Delta ABC} = \frac{1}{2} | \_\_\_ |$ FE = ___

e) $\overrightarrow{AB} = \begin{pmatrix} 5 \\ 2 \end{pmatrix}$ $\overrightarrow{CB} = \begin{pmatrix} 4 \\ -3 \end{pmatrix}$ sF: ◯ ja ◯ nein ___

___

3 a) Teile das Viereck ABCD mithilfe von $\overline{AC}$ in zwei Dreiecke.

b) Lies die Koordinaten der Eckpunkte A, B, C und D ab. Berechne dann die Koordinaten des Vektors $\overrightarrow{AC}$ sowie zweier weiterer Vektoren mit demselben Fußpunkt.

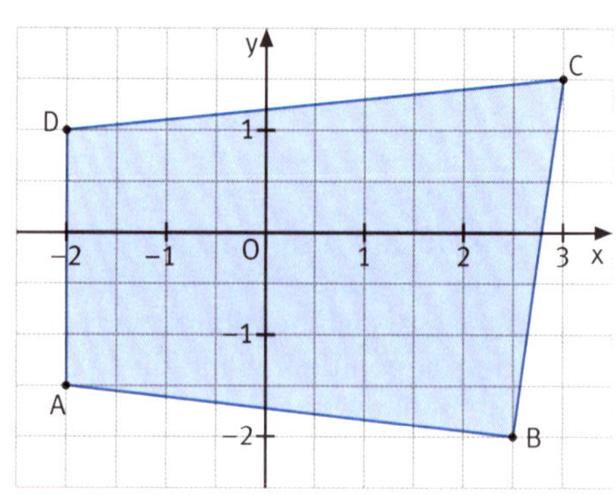

A (___ | ___); B (___ | ___); C (___ | ___); D (___ | ___)

$\overrightarrow{AC} = (\_\_\_) = (\_\_\_)$ $\overrightarrow{\_\_} = (\_\_\_) = (\_\_\_)$

$\phantom{\overrightarrow{AC} = (\_\_\_) = (\_\_\_)}$ $\_\_ = (\_\_\_) = (\_\_\_)$

c) Berechne den Flächeninhalt des Vierecks ABCD.

$A_{ABCD} = A_{\Delta\_\_} + A_{\Delta\_\_}$

$A_{\Delta\_\_} = \frac{1}{2} | \_\_\_ |$ FE = ___

$A_{\Delta\_\_} = \frac{1}{2} | \_\_\_ |$ FE = ___

$A_{ABCD} = \_\_\_ + \_\_\_ = \_\_\_$

1 Ergänze jeweils die gegebene Strecke zu einer Geraden g und zeichne dann die hierzu parallele Gerade h durch den vorgegebenen Punkt. Bestimme abschließend den Abstand der beiden Geraden.

a)

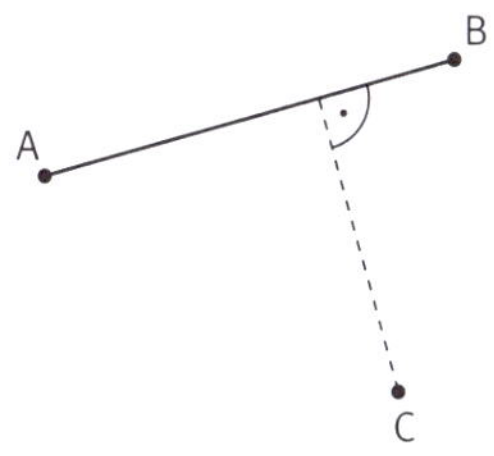

b)

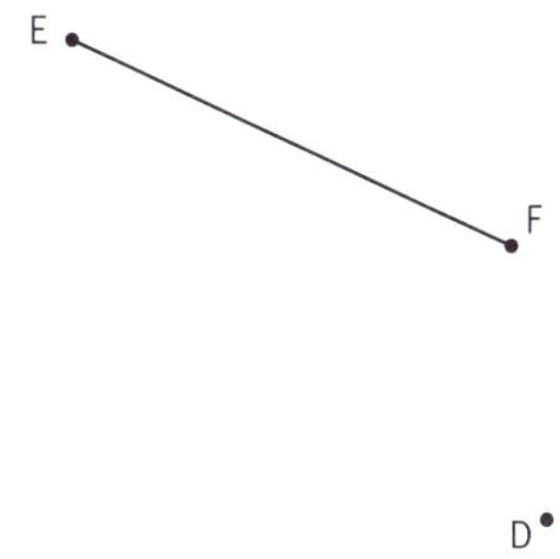

c)

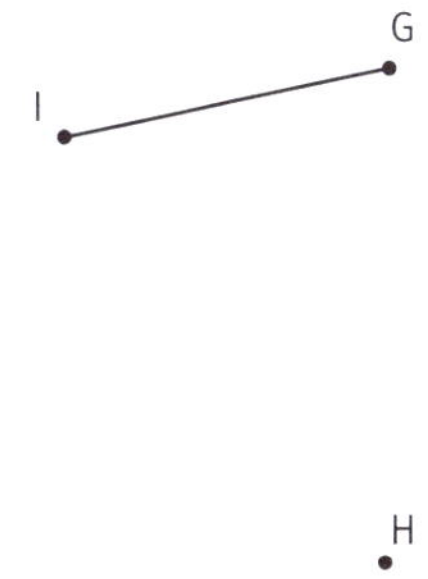

Abstand:

d (C; AB) = ______ d (D; ___) = ______ d (___ ; ___) = ______

2 a) An wie vielen Stellen muss man mindestens den Abstand zwischen zwei Geraden messen, um zu überprüfen, ob sie parallel sind?

Man muss an mindestens ______ Stellen messen.

b) Bestimme jeweils den Abstand an den markieren Messstellen ①, ② und ③.

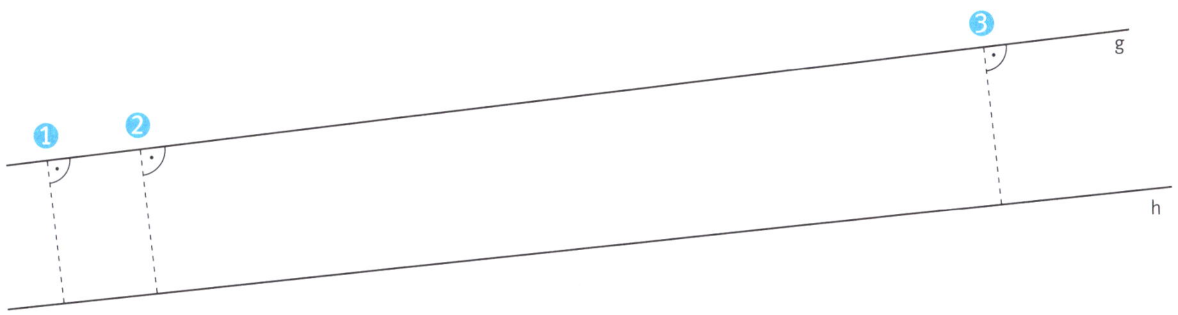

① ______ cm ② ______ ③ ______

c) Was könnte man aus dem Vergleich folgender Abstände folgern? Begründe deine Antwort.

① und ②: ______

① und ③: ______

d) Kreuze die richtige Aussage an. ◯ g ∥ h ◯ g ∦ h

e) Warum ist der Vergleich der Abstände von ① und ② nicht sinnvoll?

______

______

3 a) Ein trapezförmiges Gartengrundstück ABCD ist teilweise dargestellt. Finde die Lage des Punktes A und vervollständige das Viereck ABCD.

b) Der Plan ist im Maßstab 1 : 1000 gezeichnet. Wie groß ist der Abstand zwischen den Grundstücksseiten $\overline{AD}$ und $\overline{BC}$?

gemessene Länge: ______ Originallänge: ______

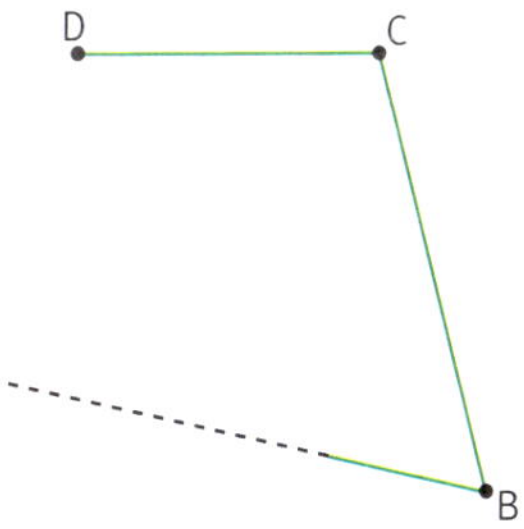

1 Bestimme die fehlenden Winkelmaße.

a)

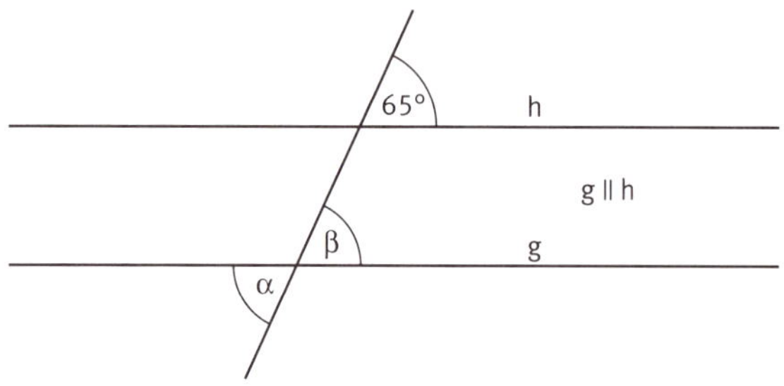

α = ______ β = ______

b)

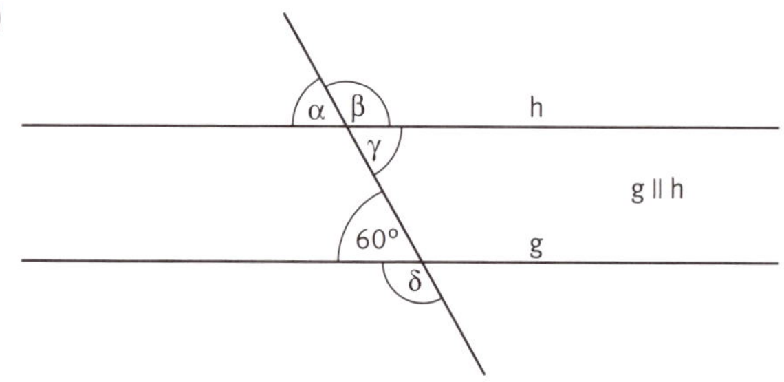

α = ______ β = ______

γ = ______ δ = ______

2 a) Zeichne alle zu g und h parallelen Geraden im Abstand von je 1 cm.

b) Wie viele Winkel liegen insgesamt vor?

______

c) Bestimme die verschiedenen Winkelmaße.

______

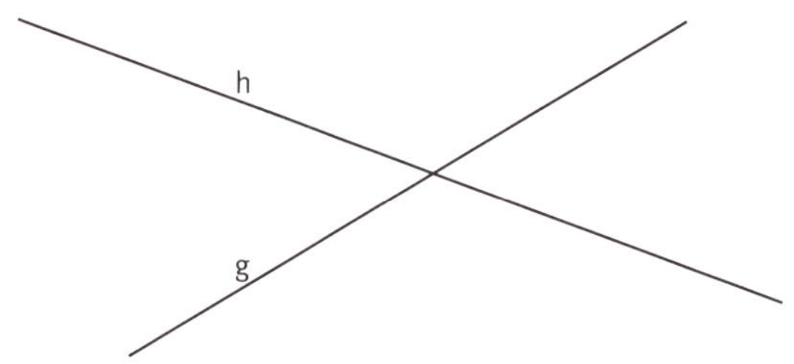

3 Sind die Geraden g und h parallel zueinander? Begründe, ohne zu messen.

a)

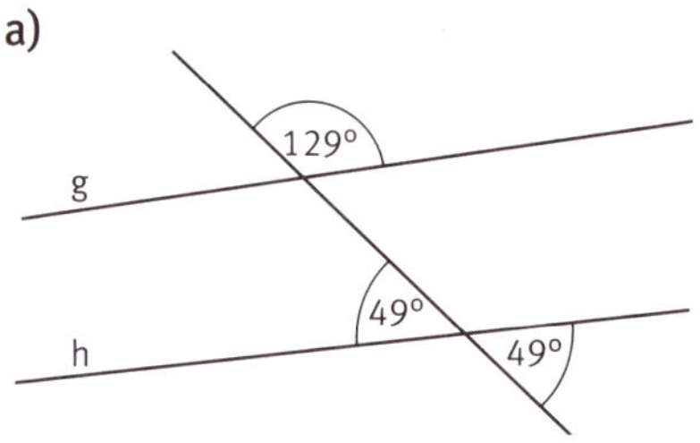

b)

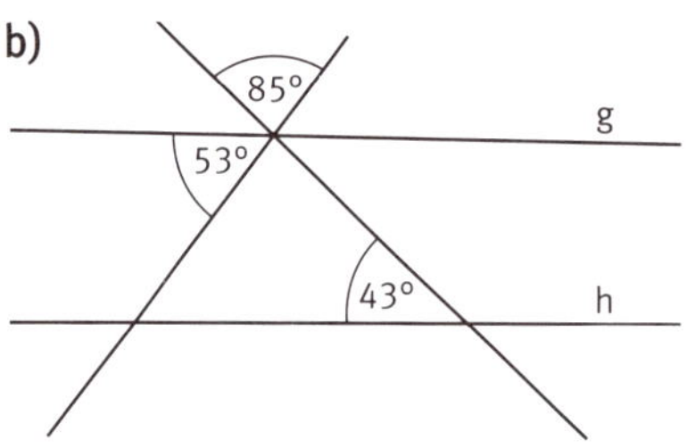

c)

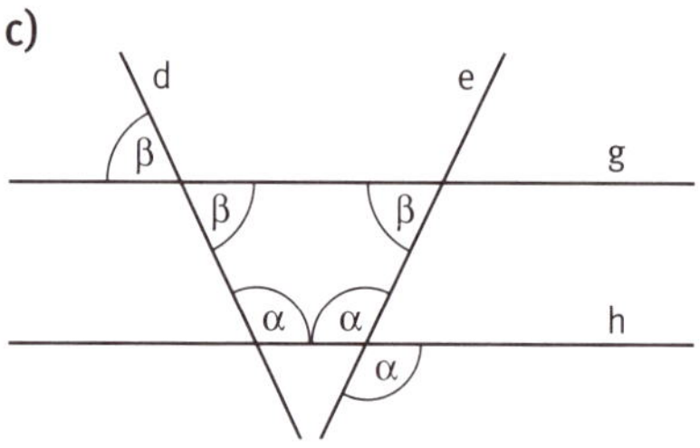

______

______

______

4 Bestimme die fehlenden Winkelmaße ohne zu messen.

a)

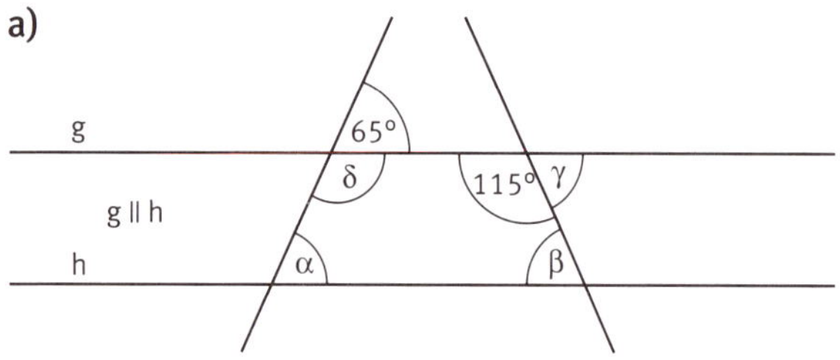

α = ______ β = ______

γ = ______ δ = ______

b)

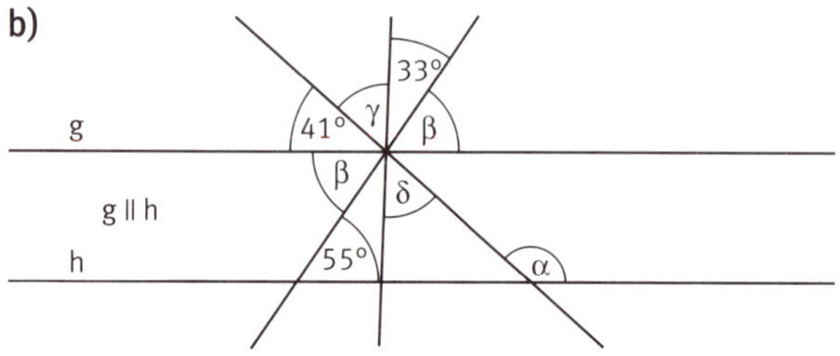

α = ______ β = ______

γ = ______ δ = ______

1 Berechne die fehlenden Winkelmaße in den abgebildeten Dreiecken.

a)

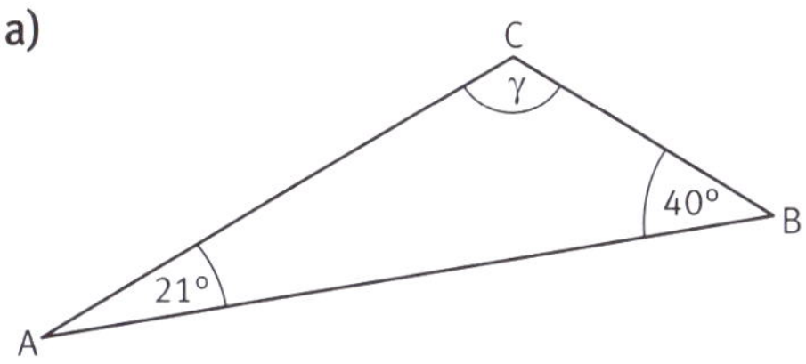

b)

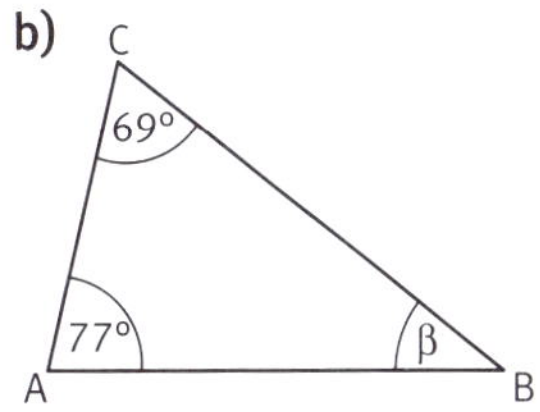

c)

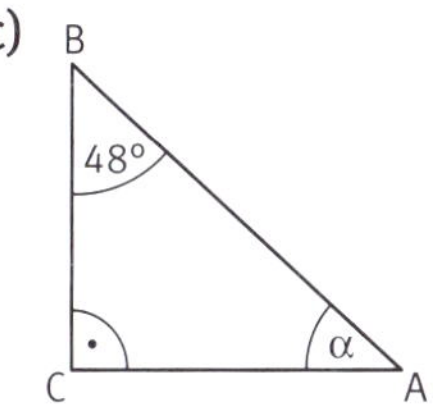

γ = 180° − 21° − 40° = ______ β = ______ α = ______

2 Die Tabelle zeigt die Innenwinkelmaße für Dreiecke ABC. Vervollständige.

Winkel	a)	b)	c)	d)	e)	f)
α	55°	37°		117°	60°	88°
β	65°		57°	23°	60°	β = γ
γ		77°	57°			

3 Zeichne ein Beispiel oder begründe, warum es eine solche Figur nicht geben kann.

a) Kann es ein Dreieck geben mit …

① zwei rechten Winkeln?

② drei spitzen Winkeln?

b) Kann es ein Viereck geben mit …

① genau drei rechten Winkeln?

② einem überstumpfen Winkel?

4 Berechne die Innenwinkelsumme in Vielecken. Zerlege dazu die Vielecke und fülle die Tabelle aus.

	3-Eck	4-Eck	5-Eck	6-Eck	7-Eck	8-Eck	12-Eck
	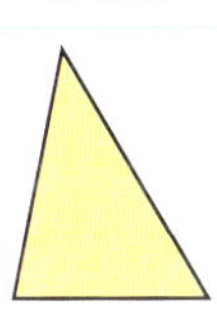	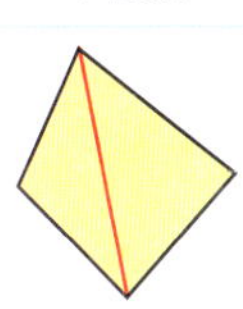	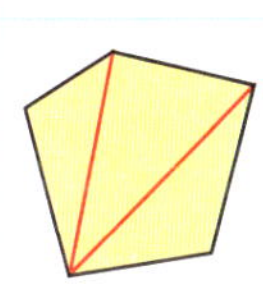	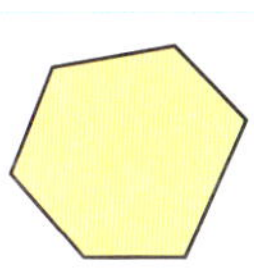	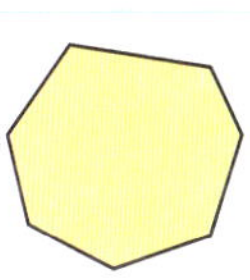	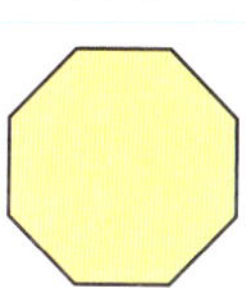	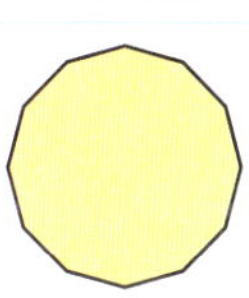
zerlegt in	1 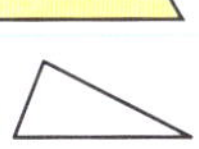	2 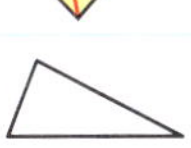	3 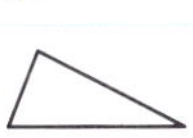				
	1 · 180°	2 · 180°					
Winkelsumme	180°	360°					

Startklar

Mit Zuordnungen umgehen

1 In einem Parkhaus werden für die erste Stunde 1,20 € und für jede weitere angefangene halbe Stunde je 0,50 € berechnet.

a) Trage in der Tabelle die anfallenden Parkgebühren ein.

Parkdauer in min	40	60	61	80	110	120	140
Preis in €							

b) Welches Diagramm stellt die Zuordnung richtig dar? Begründe deine Antwort.

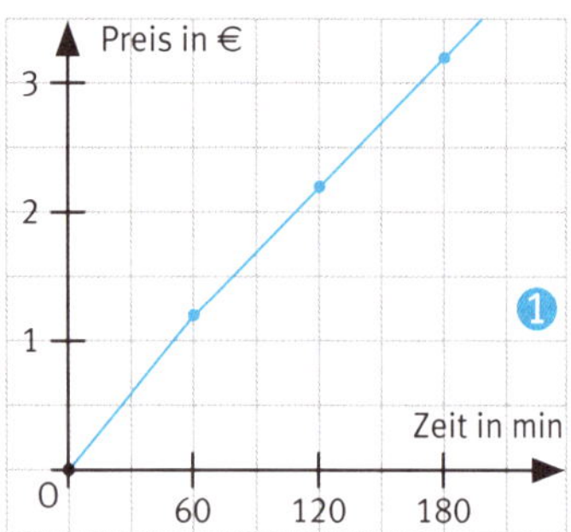

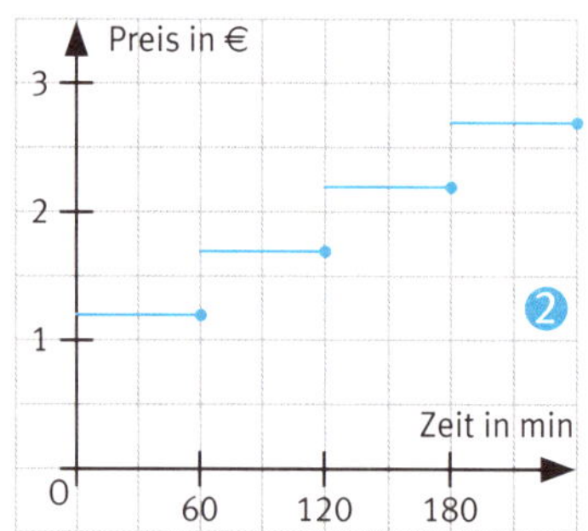

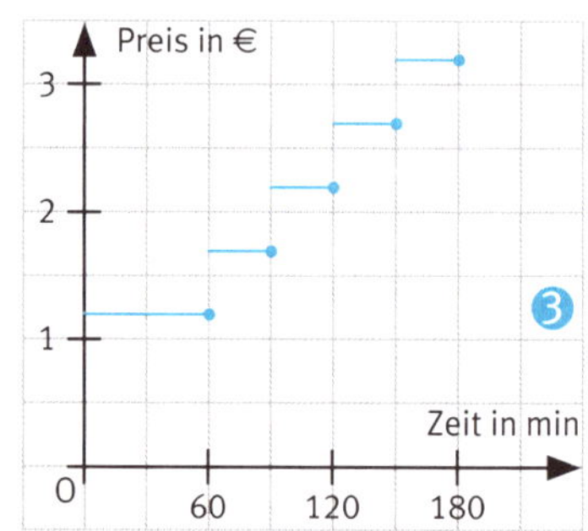

Den Dreisatz anwenden

2 Eine Tankfüllung (54 Liter) reicht bei einem Auto für eine Strecke von 900 km. Bei einer Urlaubsfahrt nach Spanien werden insgesamt 2600 km zurückgelegt.

a) Wie viel Benzin wird auf der Fahrt verbraucht?

Benzinmenge (l)	Reichweite (km)
54	900

b) Wie teuer sind die Fahrtkosten, wenn für 1 Liter im Durchschnitt 1,20 € bezahlt werden müssen?

Benzinmenge (l)	Kosten (€)
1	

Mit Prozenten rechnen

3 Entscheide zuerst, ob der Grundwert, der Prozentwert oder der Prozentsatz gesucht ist, und vervollständige dann die Tabellen. Rechne dabei möglichst im Kopf.

a) ______________________

	von 400 g	von 2 €	von 1000
9 %			
120 %			
32 %			

b) ______________________

	von 100	von 25	von 1000
14			
9			
32			

1 Vier Flaschen Orangenlimonade kosten 5,20 €.
Wie viel kosten sieben Flaschen? Vervollständige den Dreisatz.

Sieben Flaschen kosten ______________.

	4 Flaschen ≙	5,20 €
: 4	1 Flasche ≙	€
	7 Flaschen ≙	€

2 Berechne die fehlenden Größen der proportionalen Zuordnungen. Bestimme zunächst einen geeigneten Zwischenwert, wenn nötig.

a)

Menge an Karotten in kg	Preis in €
3	1,20
1	
8	

b)

Benzinmenge in l	Preis in €
25	37,50
52	

c)

Anzahl Münzen	Stapelhöhe in mm
5	11
32	

d)

Anzahl Blätter	Masse in g
25	125
120	

e)

Euro	Schwedische Kronen
10	103
	309

f)

Anzahl Eiskugeln	Preis in €
3	2,70
11	

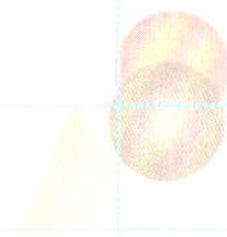

3 Ergänze die Tabellen und überprüfe anhand eines Graphen, ob die Zuordnung direkt proportional ist.

a) Gleichseitiges Dreieck

Seitenlänge	Umfang
2 cm	
4 cm	
6 cm	

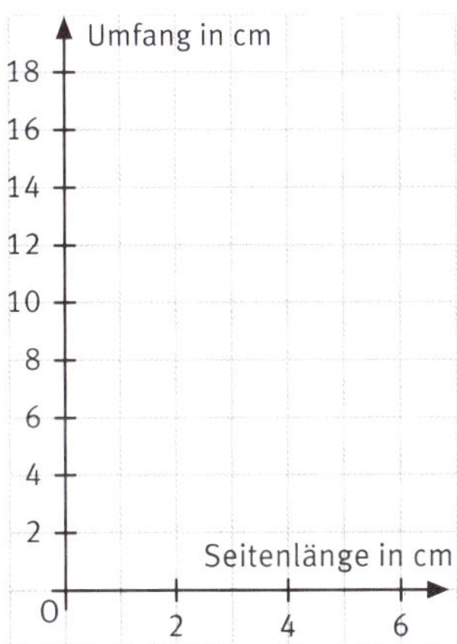

direkt proportional?
◯ ja ◯ nein

b) Quadrat

Seitenlänge	Umfang
	4 cm
3 cm	
4 cm	

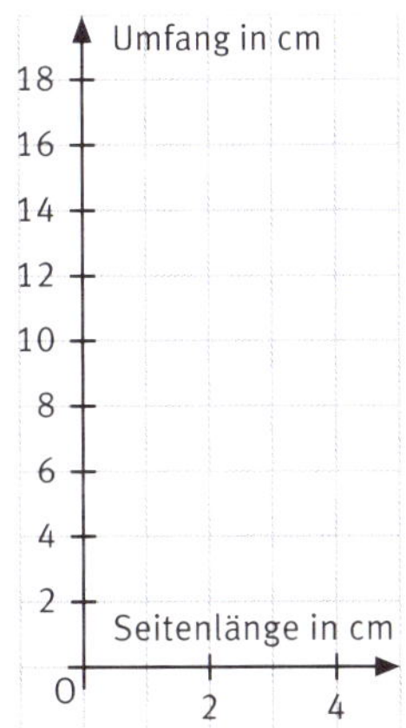

direkt proportional?
◯ ja ◯ nein

c) Rechteck mit a = 6 cm

Breite b	Umfang
1 cm	
2 cm	
3 cm	

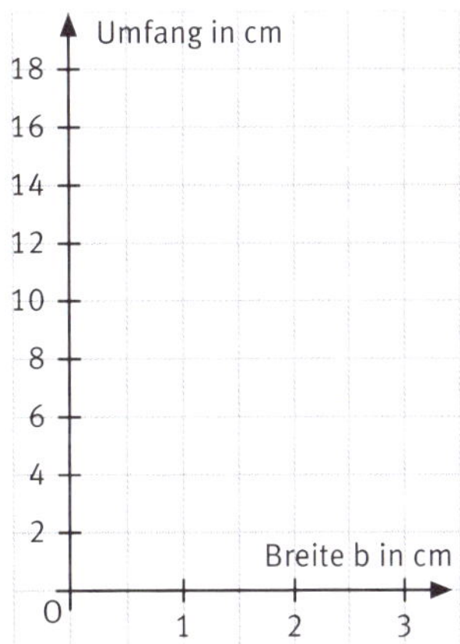

direkt proportional?
◯ ja ◯ nein

d) Rechteck mit a = 3 cm

Breite b	Fläche
2 cm	
4 cm	
6 cm	

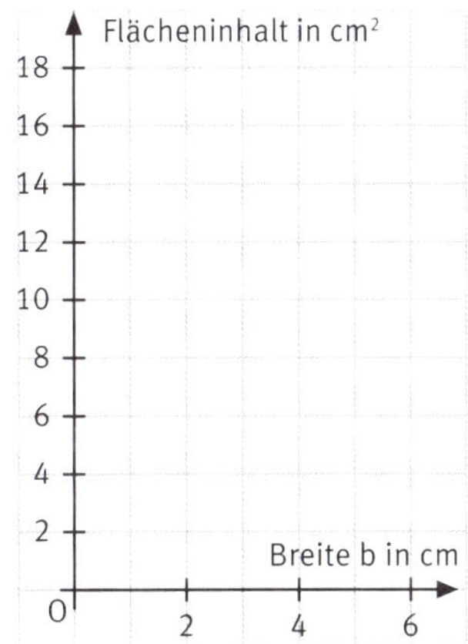

direkt proportional?
◯ ja ◯ nein

1 Liegt eine direkt proportionale (1), eine indirekt proportionale (2) oder eine andere (3) Zuordnung vor?

a) b) c) d) e)

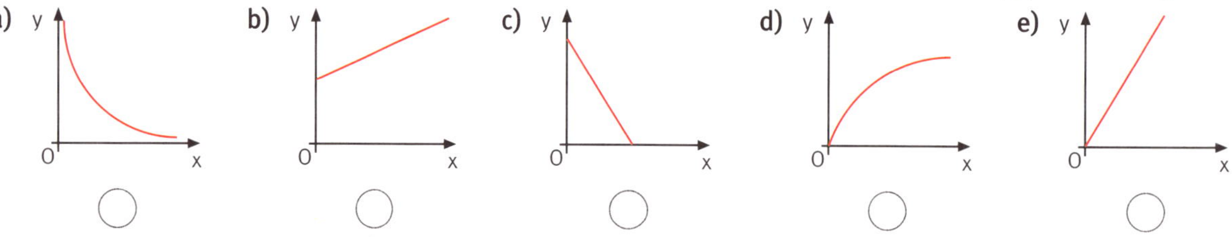

2 Auf einer Jugendfreizeit werden 15 Gruppen zu je sechs Kindern gebildet. Wie viele Gruppen kann man bilden, wenn in jeder Gruppe neun Kinder sind? Vervollständige den Dreisatz.

Je 6 Kinder in 15 Gruppen

: ____ ____ ·

Je 3 Kinder in ____ Gruppen

· ____ ____ :

Je 9 Kinder in ____ Gruppen

3 Wenn eine Tippgemeinschaft beim Lotto gewinnt, wird der Gewinn gleichmäßig unter den Mitspielern aufgeteilt.

a) Bestimme die fehlenden Werte und zeichne den Graphen der Zuordnung.

Anzahl Mitglieder	Gewinn pro Person in 1000 €
2	
3	12
5	
8	
9	4
12	
	2,4

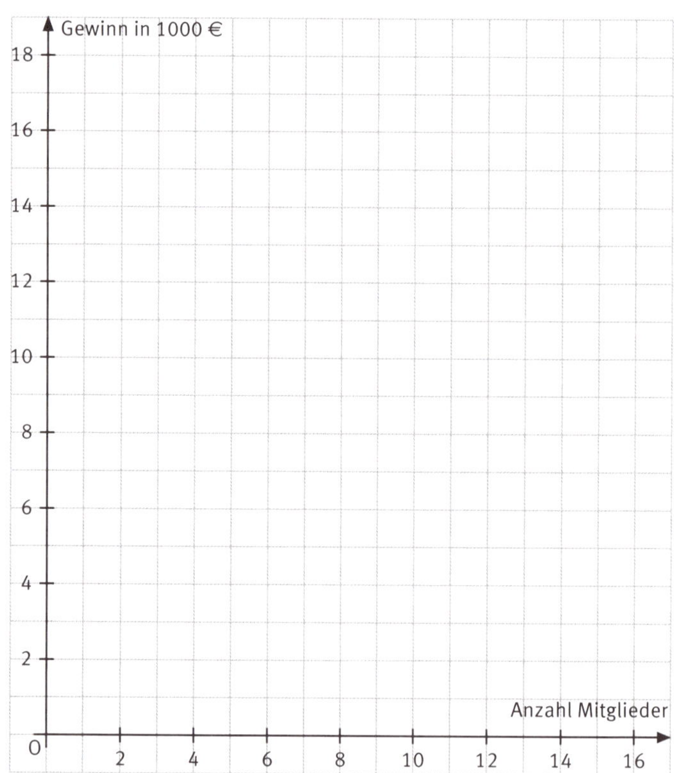

b) Der Gesamtgewinn betrug ________ €.

4 Beim Schulfest wird Pizza verkauft. Ein Blech ergibt 16 große Stücke. Jedes dieser Stücke soll für 2,50 € verkauft werden.

16 Stücke ≙ 2,50 €

____ ≙ ____

____ ≙ ____

Christian meint, dass das zu teuer ist. Er will die Pizzastücke für 2 € verkaufen, aber trotzdem genauso viel Geld pro Blech einnehmen.
Wie viele Stücke braucht Christian?

1 Entscheide zuerst, ob der Prozentsatz, der Prozentwert oder der Grundwert gesucht ist. Berechne dann die fehlende Größe auf zwei Arten.

a) Ein Werkzeug kostete bisher 60 €. Nun werden 12 % Rabatt gewährt. Um wie viel Euro wurde das Werkzeug billiger?

Gesucht ist der ... ◯ Prozentsatz. ◯ Grundwert. ◯ Prozentwert.

① Dreisatz

	Angabe in %	Betrag in €	
	100		
: 100			: 100
· 12			· 12
	12		

② Verhältnisgleichung

Betrag in €		60
Angabe in %	12	100

$\frac{}{60} = \frac{}{100} \quad | \cdot 60$

$ = \frac{}{} \cdot = $

Antwort: ____________________

b) Von den 600 Schülern einer Realschule spielen 240 Schüler ein Instrument. Wie viel Prozent sind das?

Gesucht ist der ...

◯ Prozentsatz.

◯ Grundwert.

◯ Prozentwert.

① Dreisatz

	Angabe in %		
	100		
			: 10

② Verhältnisgleichung

Angabe in %		100

$\frac{}{} = \frac{240}{600}$

$ = \frac{}{} \cdot = $

Antwort: ____________________

c) Orangensaft enthält ca. 9 % Fruchtzucker. In einem Glas Saft sind 22,5 g Fruchtzucker enthalten. Wie viel Gramm Saft enthält das Glas?

Gesucht ist der ... ◯ Prozentsatz. ◯ Grundwert. ◯ Prozentwert.

① Dreisatz

	9		
	100		

② Verhältnisgleichung

Masse in g		
		100

$\frac{}{} = \frac{}{}$

$ = \frac{}{} \cdot = $

Antwort: ____________________

2 Ein Kaufhaus bietet reduzierte Ware an. Fülle die Lücken in der Tabelle. Rechne so weit wie möglich im Kopf und nutze gegebenenfalls für weitere Rechnungen ein Extrablatt.

Artikel					
Alter Preis	25 €	699 €	399 €	87,50 €	
Nachlass in %	25		15		
Nachlass in €		139,80 €		14,00 €	50,70 €
Neuer Preis					118,30 €

3 Bestimme die fehlenden Angaben auf den Rechnungen. Runde geeignet.

a) **Metzgerei Kalb**

321 g Aufschnitt	5,94 €
675 g Hackfleisch	10,13 €
424 g Fleischsalat	2,97 €
Nettobetrag	
+ MwSt. (7 %)	
Verkaufspreis	

b) **Elektromarkt**

1 CD „Mega"	7,50 €
1 Kabel	3,40 €
Nettobetrag	
+ MwSt. (19 %)	
Verkaufspreis	

c) **Gewürze-Müller**

500 g Petersilie	
20 Vanilleschoten	17,00 €
1 Pk. Lorbeerblätter	1,80 €
Nettobetrag	
+ MwSt. (7 %)	1,61 €
Verkaufspreis	

4 Vervollständige die Lohnabrechnungen.

a) **Erik Exempel**

Bruttoarbeitslohn:	______
Abzüge:	
Rentenversicherung (10 %):	______
Krankenversicherung (8 %):	184,00 €
Pflegeversicherung (1 %):	______
Arbeitslosenversicherung (1,5 %):	______
Steuern (15 %):	______
Gesamtabzüge (______ %):	*816,50 €*
Auszahlung:	______

b) **Mustafa Mustermann**

Bruttoarbeitslohn:	______
Abzüge:	
Rentenversicherung (10 %):	______
Krankenversicherung (8 %):	______
Pflegeversicherung (1 %):	______
Arbeitslosenversicherung (1,5 %):	43,05 €
Steuern (15 %):	______
Gesamtabzüge (______ %):	______
Auszahlung:	**1851,15 €**

1 Verbinde die Satzteile zu einer richtigen Aussage.

a) Nach einer Preiserhöhung von 15 % kostet eine Jeans jetzt 80,50 €.

Dem •	• vermehrten • • verminderten •	• Grundwert von •	• 10,50 € • • 70,00 € • • 80,50 € •	• entspricht ein Prozentsatz von •	• 15 %. • 100 %. • 115 %.

b) Nach Abzug von 3 % Skonto sind noch 45,59 € zu bezahlen.

Dem •	• vermehrten • • verminderten •	• Grundwert von •	• 1,41 € • • 45,59 € • • 47,00 € •	• entspricht ein Prozentsatz von •	• 3 %. • 97 %. • 103 %.

c) Nach einer Taschengelderhöhung um 20 % erhält Lukas nun monatlich 24 €.

Dem •	• vermehrten • • verminderten •	• Grundwert von •	• 24,00 € • • 4,00 € • • 4,80 € •	• entspricht ein Prozentsatz von •	• 20 %. • 80 %. • 120 %.

2 Gib jeweils den zum vermehrten bzw. verminderten Grundwert gehörigen Prozentsatz an.

a) Die Schülerzahl ist um 12,5 % angestiegen.

p = ______

b) Der Durchschnittslohn ist um 4 % gesunken.

p = ______

c) Eine Kaninchenpopulation hat um 35 % zugenommen.

p = ______

3 Ordne die Begriffe den Größen im Text zu. Vervollständige dann die vorgegebenen Tabellen.

① Grundwert ② vermehrter Grundwert ③ verminderter Grundwert ④ Prozentsatz

a) Die Miete ist um 12 % ◯ auf nunmehr 560 € ◯ angestiegen.

Dreisatz

Angabe in %	Betrag in €
1	
100	

b) Auf Obst und Gemüse werden 7 % ◯ MwSt. berechnet. Markus kauft für 16,05 € ◯ Gemüse.

Verhältnisgleichung

Betrag in €		
Angabe In %		100

$\frac{\quad}{\quad} = \frac{100}{\quad}$

$\quad = \frac{\quad}{\quad} \cdot \quad = \quad$

c) Ein Auto mit einem Listenpreis von 24 000 € ◯ wurde für 20 400 € ◯ verkauft.

Dreisatz

Angabe in %	Betrag in €
	24 000
1	

d) Ein Auto verliert im ersten Jahr 24 % ◯ seines Neuwertes und ist nun noch 16 720 € ◯ wert.

Verhältnisgleichung

Betrag in €		
Angabe in %		100

$\frac{\quad}{\quad} = \frac{\quad}{\quad}$

$\quad = \frac{\quad}{\quad} \cdot \quad = \quad$

4 Ein Baumarkt gibt während einer Verkaufsaktion verschiedene Rabatte auf seine Produkte. Ordne zu.

Rabatt: 20 %	Rabatt: 40 %	Rabatt: 30 %	Rabatt: 5 %	Rabatt: 8 %
5,18 €	7,16 €	3,98 €	1,49 €	4,95 €

5 Bei Waren bedeutet Tara die Masse der Verpackung, Brutto die Gesamtmasse und Netto die Masse der Ware. Berechne die fehlenden Größen.

	a)	b)	c)	d)	e)	f)	g)
Brutto	1200 kg		380 g	400 g	684 g	48 kg	
Tara		12,96 kg	106,4 g			480 g	12,5 g
Anteil Tara	2 %	12 %		35 %			
Netto					567,72 g		237,5 g

6 Wie in jedem Jahr misst Martin auch an seinem 13. Geburtstag, wie groß er ist. Er stellt fest, dass er nun 169,6 cm groß und somit im letzten Jahr um 6 % gewachsen ist. Wie groß war Martin an seinem 12. Geburtstag?

7 Der Bruttopreis (Zapfsäule) pro Liter Diesel setzt sich aus dem tatsächlichen Preis, der Mineralölsteuer und der Mehrwertsteuer zusammen.

a) Berechne, wie hoch die Mehrwertsteuer pro Liter ist und vervollständige die Tabelle.

Tatsächlicher Preis	0,540 €
+ Mineralölsteuer	
= Nettopreis	
+ Mehrwertsteuer 19 %:	
= Bruttopreis (Zapfsäule):	1,50 €

b) Wie viel Prozent des Bruttopreises entfallen auf die beiden Steuern?

1 **a)** Karin legt 3000 € zu einem Zinssatz von 2,5 % an. Wie viel Zinsen wird sie nach einem Jahr erhalten?

3000 € ≙

≙ 1 %

≙ 2,5 %

b) Gabi hat 5200 € angelegt und erhält nach einem Jahr 156 € Zinsen gutgeschrieben. Berechne den Zinssatz.

$\frac{p}{100} = \frac{Z}{K}$ | · 100

$p = \frac{}{K} \cdot 100$

$p = \frac{€}{€} \cdot 100$

$p =$

c) Bei einem Zinssatz von 7 % erhält Stefan nach einem Jahr 560 € gutgeschrieben. Wie hoch war sein Ausgangskapital?

$\frac{K}{Z} = \frac{100}{p}$ | · Z

$K = \frac{100}{} \cdot Z$

$K = \frac{100}{} \cdot$

$K =$

2 Sieben Freunde wollen im kommenden Jahr eine private Faschingsparty feiern. Hierfür hat jeder von ihnen für ein Jahr ein bestimmtes Kapital K zu einem Zinssatz p angelegt. Die anfallenden Zinsen sollen in Kostüme investiert werden. Ordne zu, wie viel Zinsen jeder der Freunde erhält; dann weißt du auch, wer welches Kostüm tragen wird. Führe die Rechnungen auf einem separaten Blatt durch.

	Bibi	Mona	Jack	Röbbi	Manni	Nico	Anja
K	1200 €	1100 €	900 €	1500 €	2000 €	850 €	1800 €
p	3	4,2	4,5	3,2	2,8	4	2,9

Vampir	Obelix	Hexe	Pirat	Biene Maja	Balu	Superman
40,50 €	56 €	46,20 €	36 €	52,20 €	34 €	48 €

3 Berechne die Zinsen Z, das Kapital K oder den Zinssatz p und vervollständige die Tabellen.

a) p = 3

K = 2500 €	K = 17 €	K = 40 000 €
Z =	Z =	Z =

b) K = 3200 €

p = 5	p = 12	p = 0,5
Z =	Z =	Z =

c) K = 7000 €

p =	p =	p =
Z = 14 €	Z = 245 €	Z = 2800 €

d) Z = 240 €

p = 4	p = 15	p = 1,6
K =	K =	K =

Startklar

Kreise und Kreisteile zeichnen

1 Zeichne k (A; |$\overline{AP}$|), bestimme den Radius r und den Durchmesser d und markiere dann in a) die Kreislinie, in b) die Kreisfläche und in c) einen Halbkreis farbig.

a)

r = ________ d = ________

b)

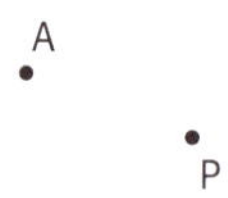

r = ________ d = ________

c)

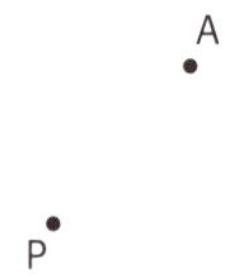

r = ________ d = ________

2 a) Markiere mit unterschiedlichen Farben die Sektoren mit folgenden Mittelpunktswinkeln:
∢ MAL: $\alpha = 110°$
∢ PAM: $\beta = 160°$

b) Schneidet man (in Gedanken) die farbigen Sektoren vom Kreis ab, so bleibt ein weiterer Sektor übrig. Bestimme das Maß seines Mittelpunktswinkels:

____

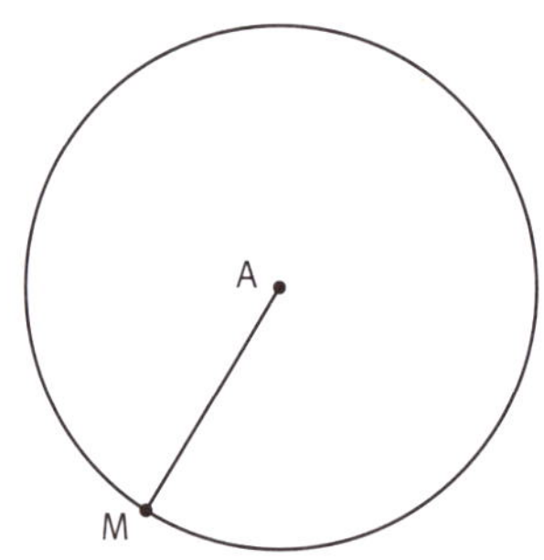

Mittelsenkrechte und Winkelhalbierende konstruieren

3 Begründe, warum es sich bei den orangen Geraden nicht um Mittelsenkrechten handelt.

a)

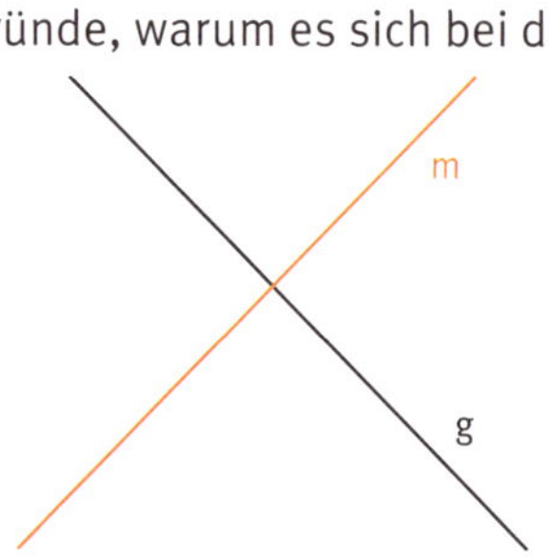

b)

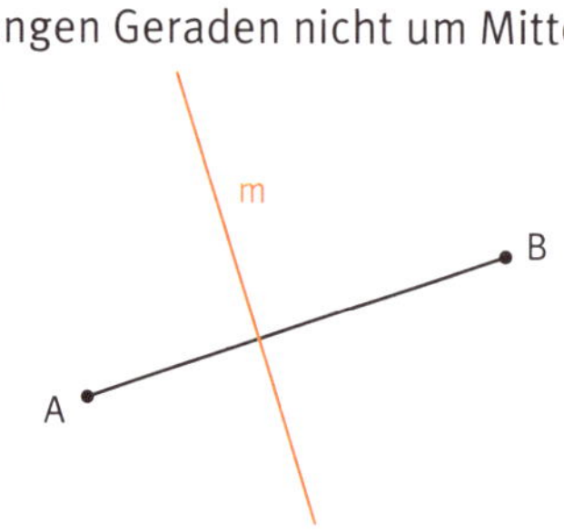

c)

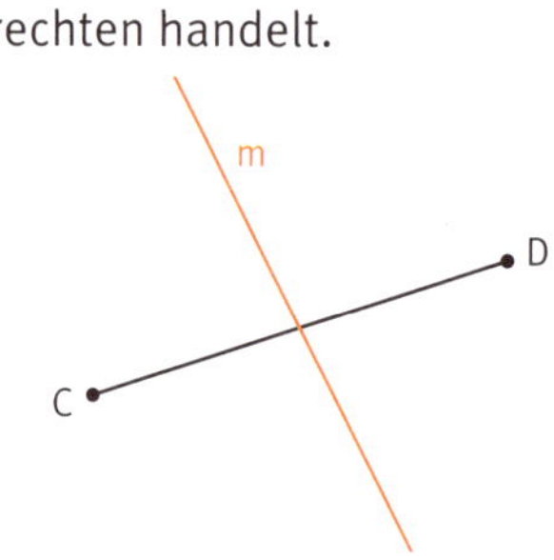

________________________________ ________________________________ ________________________________

________________________________ ________________________________ ________________________________

4 Der Winkel soll halbiert werden. Sortiere die Konstruktionsschritte durch Nummerieren in der richtigen Reihenfolge und führe dann die Konstruktion durch.

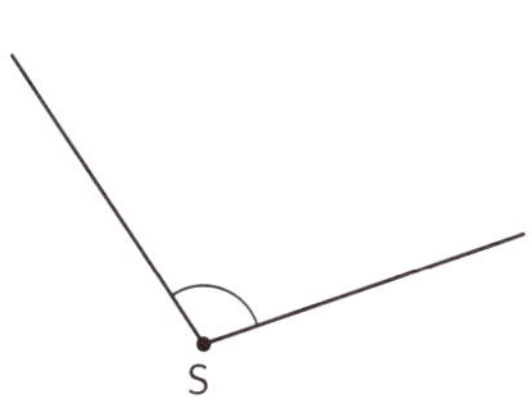

◯ Ziehe um P und Q mit demselben Radius Kreise, die sich in zwei Punkten A und B schneiden.

◯ Ziehe einen Kreis um S, der beide Schenkel schneidet.

◯ Du erhältst zwei Schnittpunkte P und Q auf den Schenkeln.

◯ Beschrifte die Winkelhalbierende.

◯ Zeichne die Gerade durch A, B und den Scheitel. Nun hast du die Winkelhalbierende.

1 Veronika sollte als Hausaufgabe Bilder von Kreisen und Geraden mitbringen, welche die verschiedenen Lagen von Kreis und Gerade darstellen. Benenne die Geraden entsprechend ihrer Lage zum Kreis.

a) 

b) 

c) 

d) 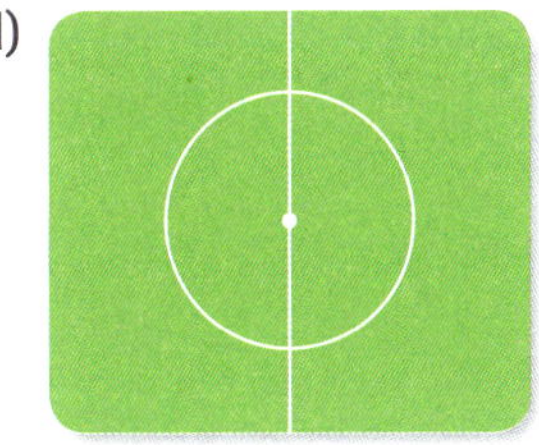

2 Wahr (w) oder falsch (f)?

	w	f
a) Eine Sekante hat keinen Schnittpunkt mit dem Kreis.	○	○
b) Eine Tangente hat genau einen Berührpunkt mit dem Kreis.	○	○
c) Eine Passante berührt den Kreis genau in einem Punkt.	○	○
d) Ein Kreis hat mehr als eine Tangente.	○	○
e) Eine Tangente verläuft senkrecht zum Radius.	○	○
f) Eine Passante hat keinen Schnittpunkt mit dem Kreis.	○	○
g) Der Teil einer Sekante, der durch den Kreis verläuft, heißt Sehne.	○	○

3 Zeichne zum gegebenen Kreis k ...

a) eine Tangente t durch den Punkt A.

b) eine Passante p im Abstand von 1 cm zur Tangente aus a).

c) die Sekante s durch den Punkt A, die die längste Sehne erzeugt.

d) von A aus eine 2 cm lange Sehne. Wie viele Möglichkeiten findest du? ______

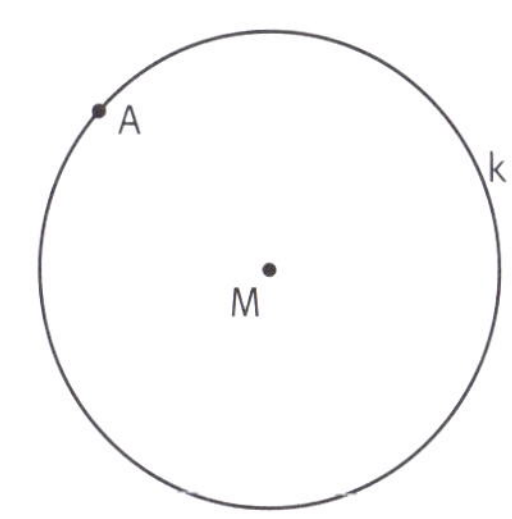

4 Gegeben sind ein Kreis k (M; r = 3 cm) mit M (6 | 4) und eine Gerade g durch A (3 | 8) und B (1 | 4). Gegeben ist weiterhin der Punkt C (5 | 0).

a) Zeichne die gegebenen Objekte in das Koordinatensystem ein. Gib die Lagebeziehung von k und g an.

______

b) Auf der Gerade BC gibt es einen Punkt D, sodass die Gerade AD den Kreis k in genau einem Punkt berührt.

D (____ | ____)

c) Findest du noch eine weitere Tangente durch A an den Kreis k? Verwende dein Geodreieck.

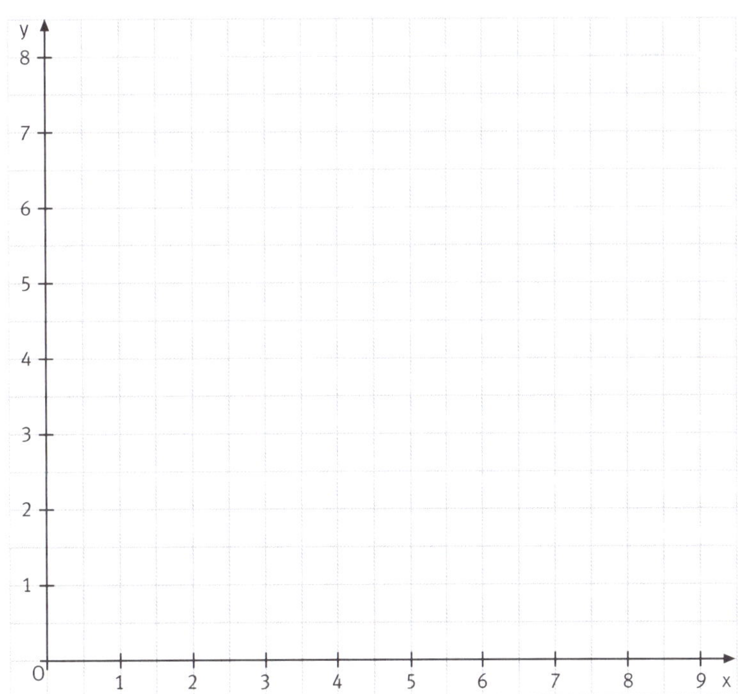

1 Kreuze an, welche geometrischen Orte jeweils dargestellt sind. Notiere in Kurzschreibweise. Beschreibe die Eigenschaften der farbigen Punkte P der geometrischen Orte mathematisch.

blau: ○ Kreislinie ○ Kreisfläche
○ Kreisinneres ○ Kreisäußeres
___ (A; r = ___ cm) |PA| ___ ___ cm

lila: ○ Kreislinie ○ Kreisfläche
○ Kreisinneres ○ Kreisäußeres

grün: ○ Kreislinie ○ Kreisfläche
○ Kreisinneres ○ Kreisäußeres

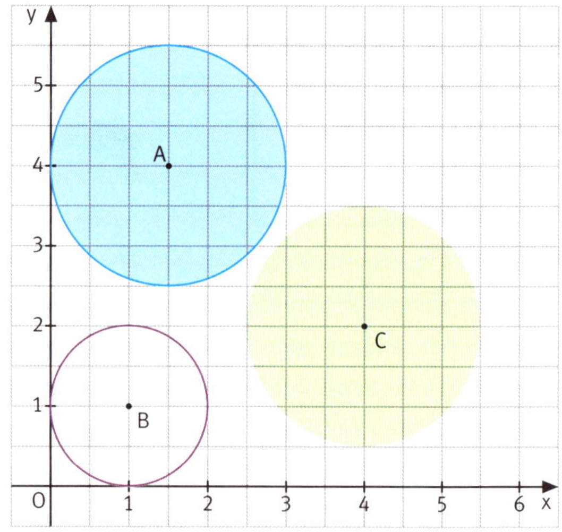

2 Gib an, welche geometrischen Orte beschrieben sind. Zeichne diese dann farbig.

a) Gesucht sind alle Punkte P, die von M mehr als 1,5 cm entfernt sind.

b) Für die Punkte Q gilt: $|\overline{QT}| \le 2\,\text{cm}$

c) Welche Punkte R sind von A genau 1,8 cm entfernt?

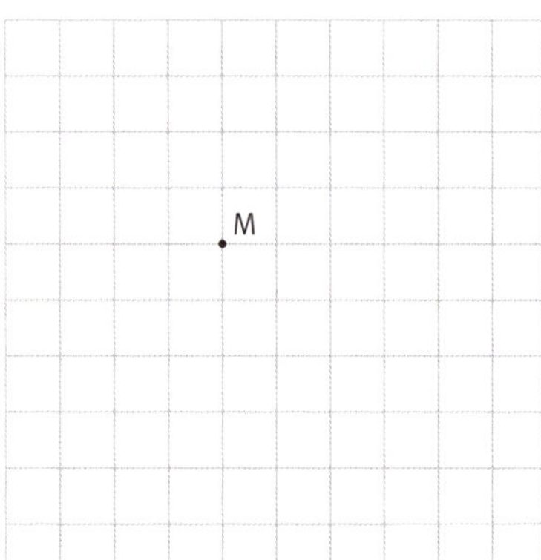

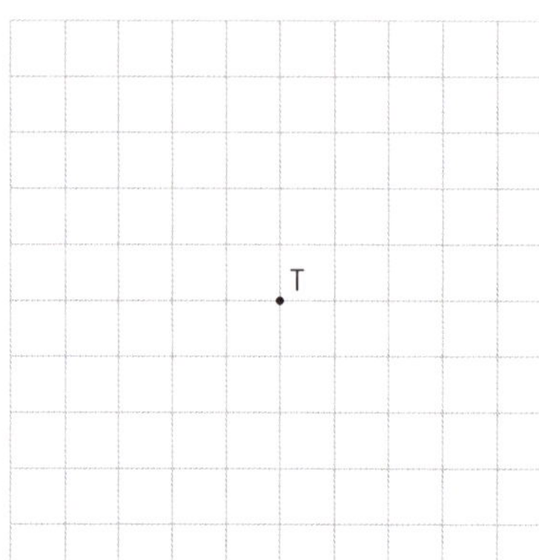

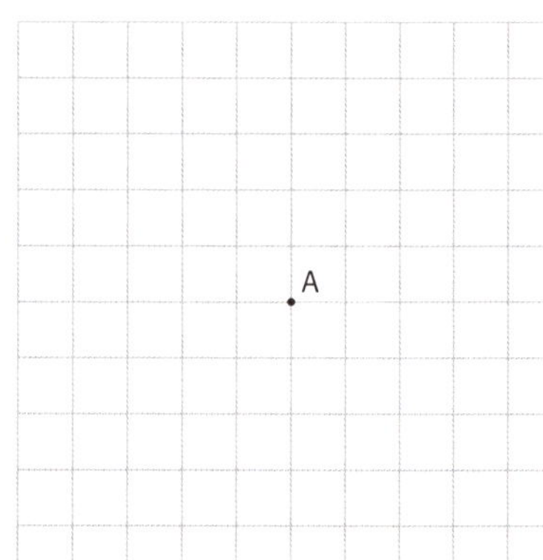

3 Familie Strobl sucht in Würzburg eine neue Wohnung. Dabei haben sie folgende Überlegungen:

a) Herr Strobl fährt mit dem Zug zur Arbeit. Deshalb sollte die Wohnung nicht weiter als 600 m vom Bahnhof entfernt sein. Markiere, welche Punktmenge diese Bedingung erfüllt.

b) Frau Strobl ist beruflich auf das Auto angewiesen. Sie möchte deshalb, dass eine Tankstelle höchstens 500 m von der Wohnung entfernt liegt. Zeichne die Punktmengen, die diese Bedingungen erfüllen, ein.

c) Markiere farbig die geeigneten Wohngegenden für Familie Strobl.

1 Konstruiere zu den gezeichneten Strecken jeweils die Mittelsenkrechte und beschrifte diese mit der mathematischen Kurzschreibweise.

a)

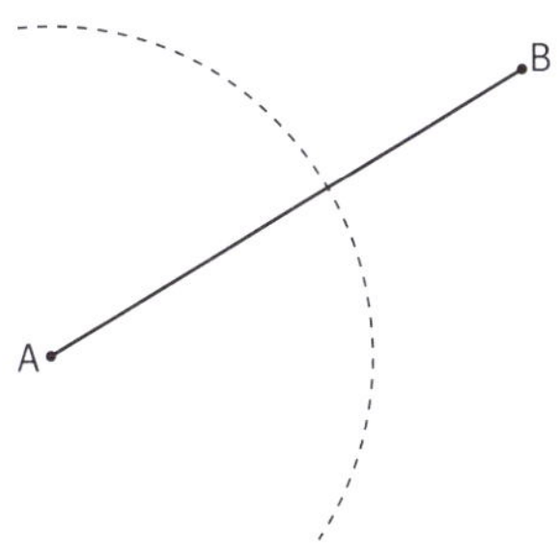

b)

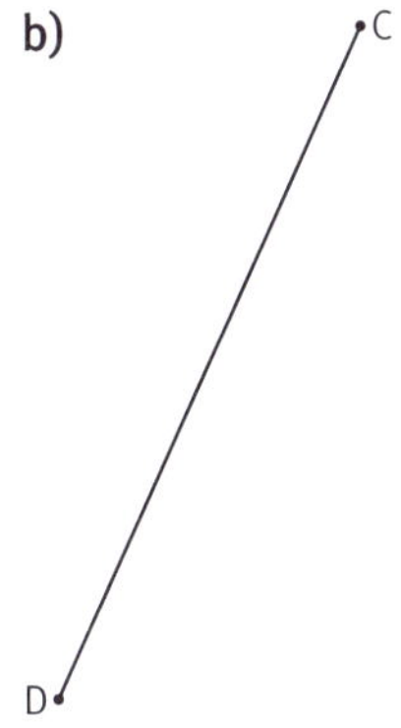

c)

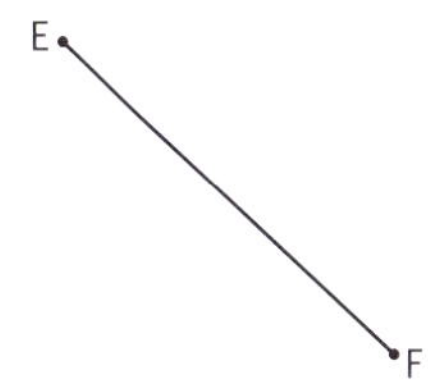

2 Finde alle Symmetrieachsen der Figuren durch Konstruktion. Wähle hierfür geeignete, zueinander achsensymmetrische Punkte.

a)

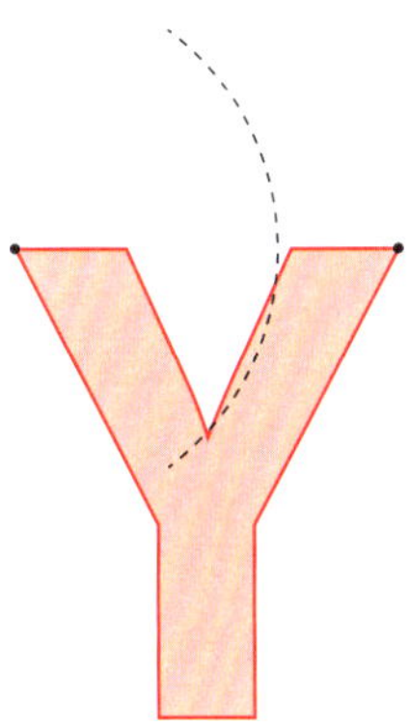

b)

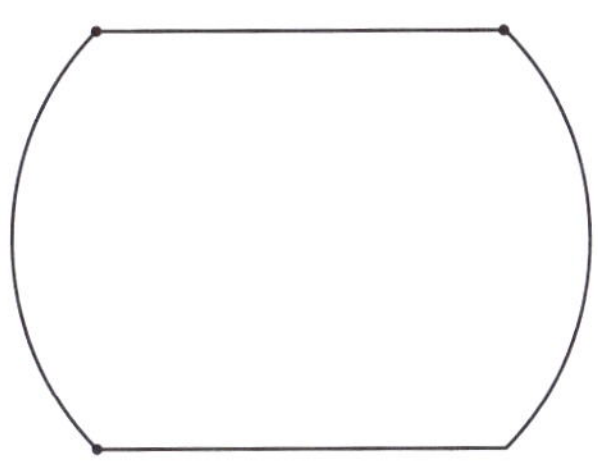

c)

3 Welche Aussagen treffen für die Punkte P des rot markierten geometrischen Ortes zu?

- ◯ Alle Punkte P liegen näher bei T als bei R.
- ◯ Die Punkte P sind von R mindestens so weit entfernt wie von T.
- ◯ $|\overline{PT}| \leq |\overline{RP}|$
- ◯ Die Punkte P sind von R weiter entfernt als von T.
- ◯ $|\overline{TR}| = \frac{1}{2} \cdot |\overline{PT}|$

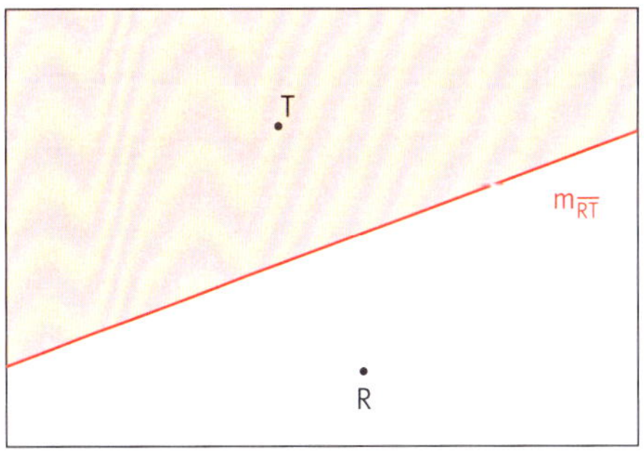

4 Drei Schnecken verabreden sich zum Nachmittagssnack im Salatbeet. An welchem Salatkopf sollten sie sich treffen, damit alle Schnecken einen möglichst gleich weiten Weg haben? Ermittle den geeigneten Salatkopf durch Konstruktion und begründe dann deine Entscheidung.

____

____

____

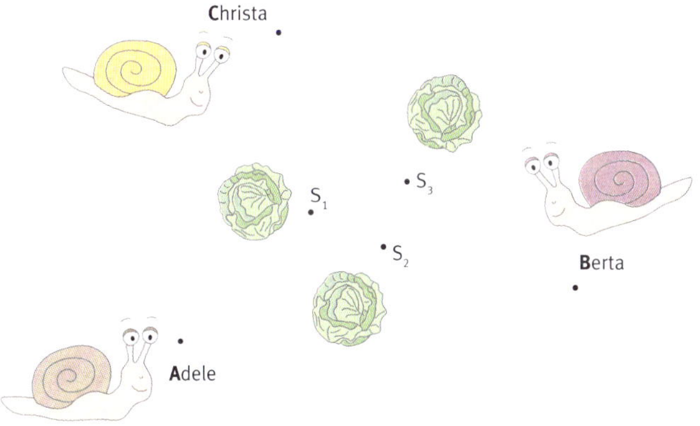

1 Verbinde die Kurzschreibweisen und Zeichnungen jeweils mit der zugehörigen Beschreibung.

$d(P; h_1) < d(P; h_2)$	$d(P; g) = 1{,}5\,\text{cm}$	$d(P; g) < 1{,}5\,\text{cm}$	$d(P; g) \geq 1{,}5\,\text{cm}$
Die Menge aller Punkte P, deren Abstand von g genau 1,5 cm ist	Die Menge aller Punkte P, deren Abstand von h_2 größer ist als von h_1	Die Menge aller Punkte P, deren Abstand von g mindestens 1,5 cm ist	Die Menge aller Punkte P, deren Abstand von g kleiner als 1,5 cm ist

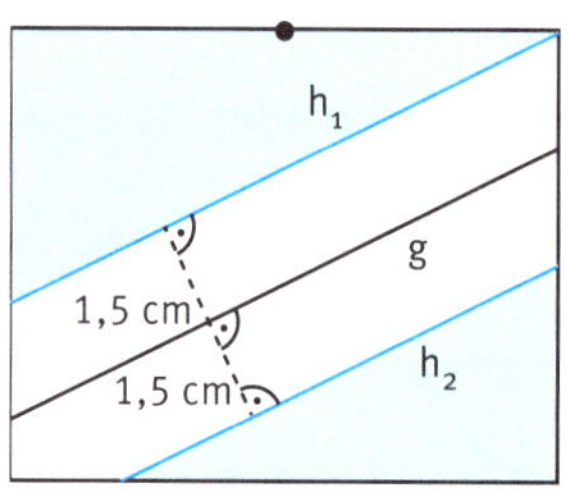

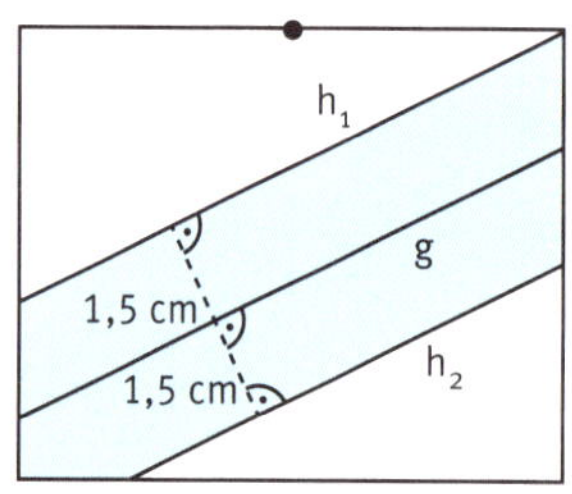

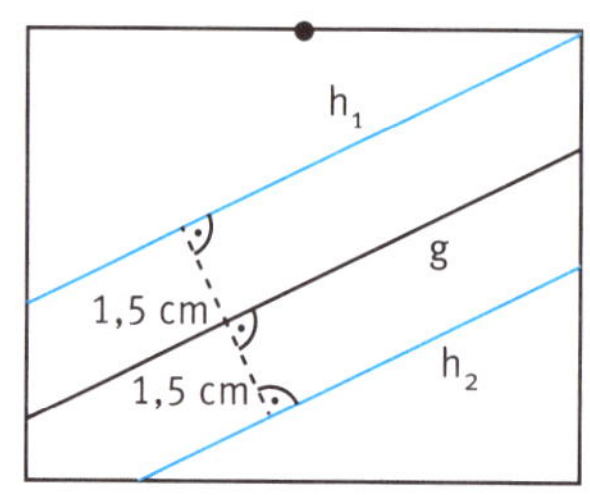

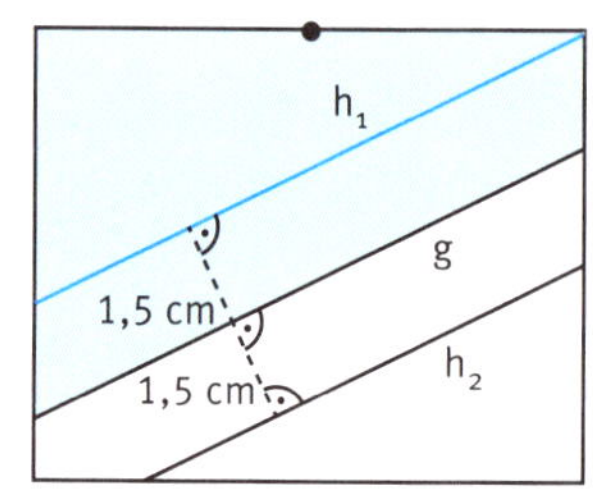

2 Zeichne die beschriebenen Punktmengen farbig ein.

a) Parallelenpaar im Abstand von 1,0 cm zu g

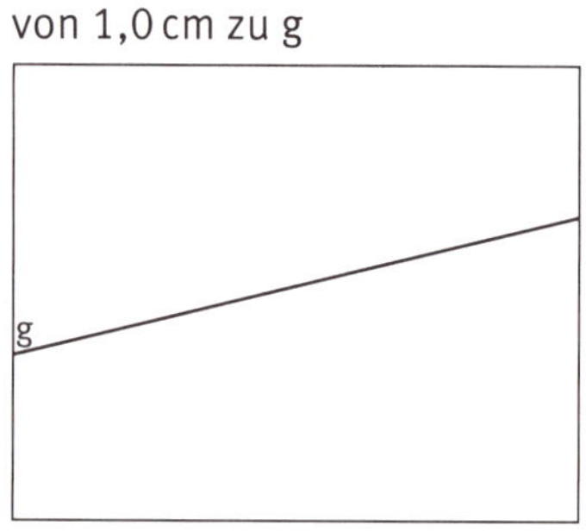

b) Die Menge aller Punkte, die näher bei h als bei g liegen

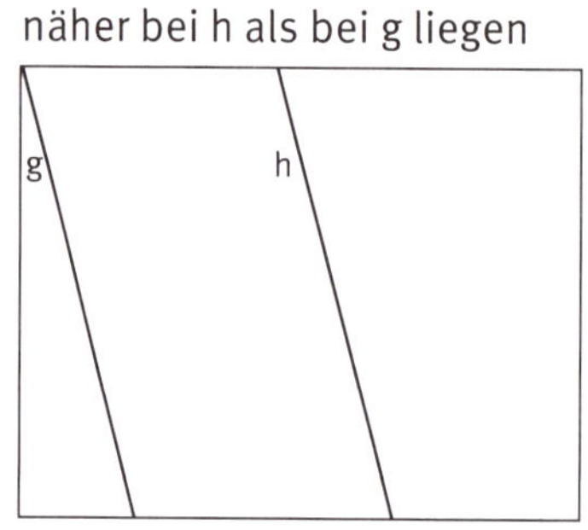

c) Die Menge aller Punkte P, für die gilt: $d(P; g) \geq 0{,}5\,\text{cm}$

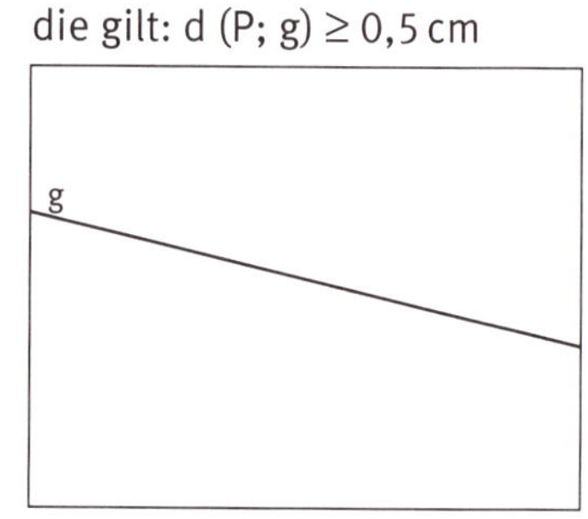

3 Eine Regattastrecke besteht aus acht Ruderbahnen mit einer Breite von je 13,5 m. Die einzelnen Bahnen sind mit kleinen Bojenketten voneinander abgetrennt.

a) Zeichne im dargestellten Streckenabschnitt die Lage der beiden benachbarten Bojenketten h_1 und h_2 im Maßstab 1 : 500 ein.

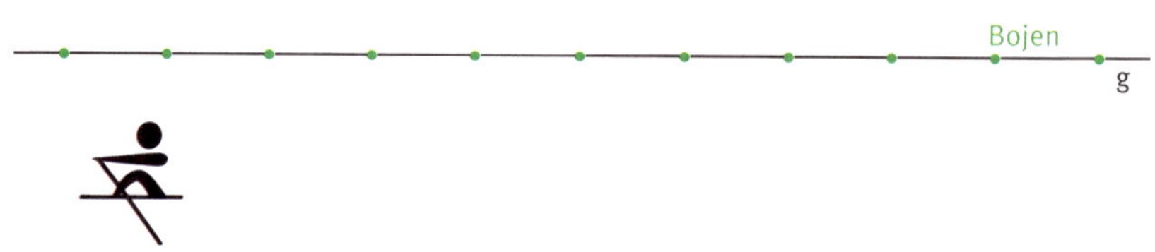

b) In der Zeichnung gilt für alle Punkte Q auf h_1 und h_2:

$d(Q; g) =$ ________ cm

c) Die Ruderer sind bemüht, möglichst genau in der Mitte ihrer Bahn zu fahren. Zeichne für beide Bahnen die Ideallinie der Boote ein.

1 Tinas kleiner Bruder hat beobachtet, wie Tina eine Winkelhalbierende konstruiert. Nun hat er selbst sein Glück versucht. Hierbei ging aber einiges schief. Überprüfe, wo der Fehler liegt und beschreibe ihn.

a)

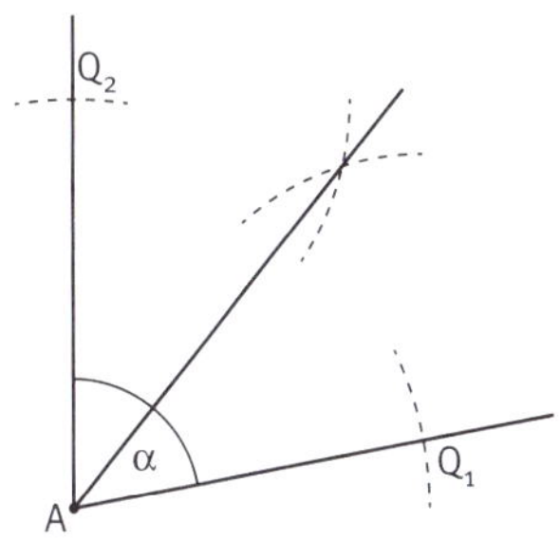

b)

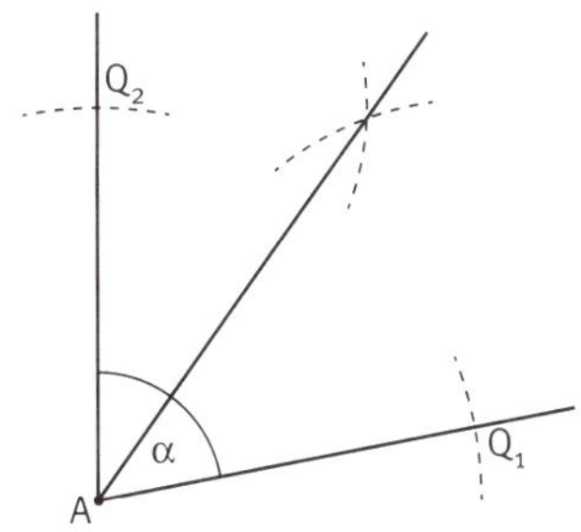

c)

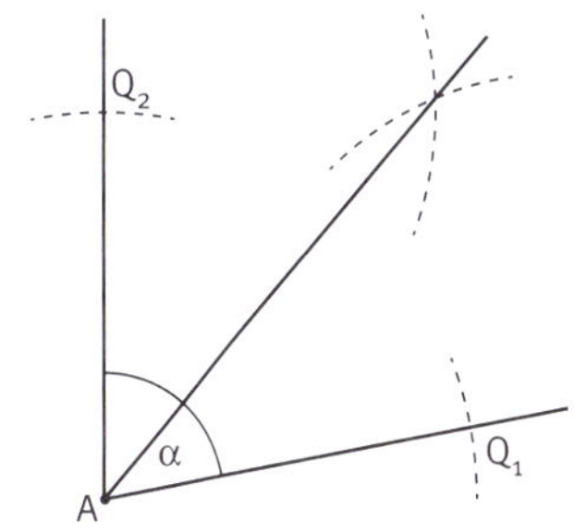

2 Konstruiere zu allen markierten Winkeln jeweils die Winkelhalbierende.

a)

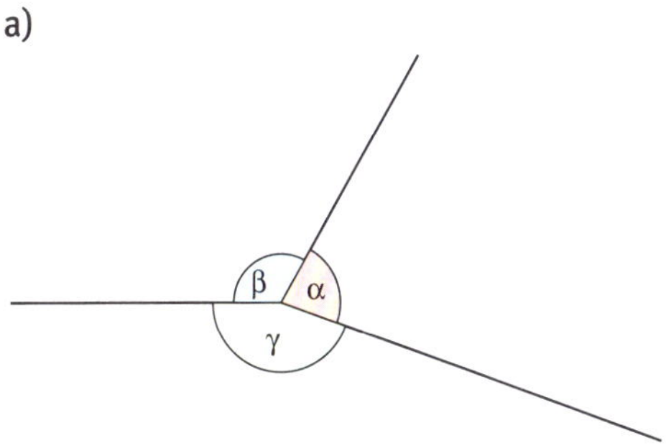

b)

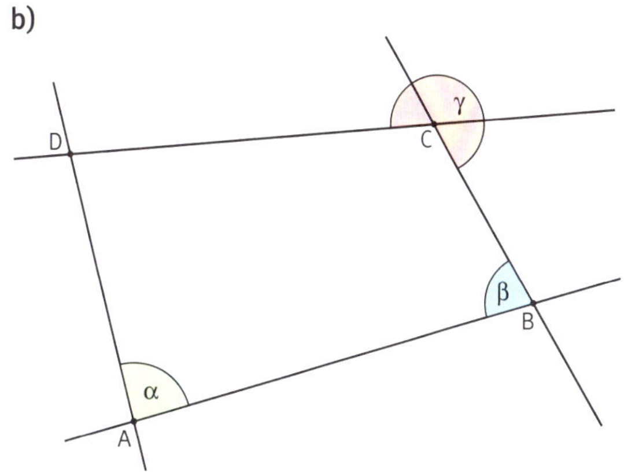

3 Markiere nach einer geeigneten Konstruktion die Ortsbereiche farbig und gib sie in mathematischer Kurzschreibweise an.

a) Gesucht sind alle Punkte Q, die näher bei g_1 als bei g_2 liegen.

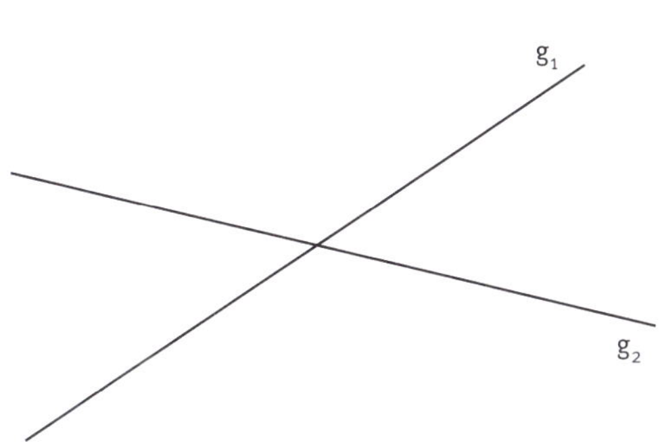

d (Q;) d (;)

b) Gesucht sind alle Punkte R, die von h_1 mindestens so weit entfernt sind wie von h_2.

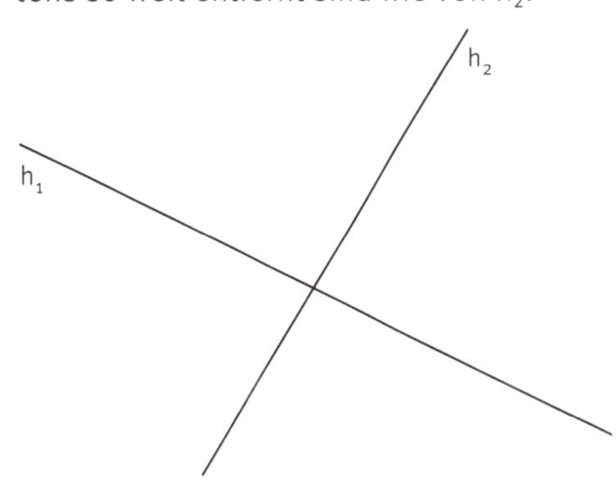

Verknüpfung geometrischer Orte

1 Kreuze die Beschreibung an, die zu den farbig markierten geometrischen Orten (Punkte P) passt.

a)

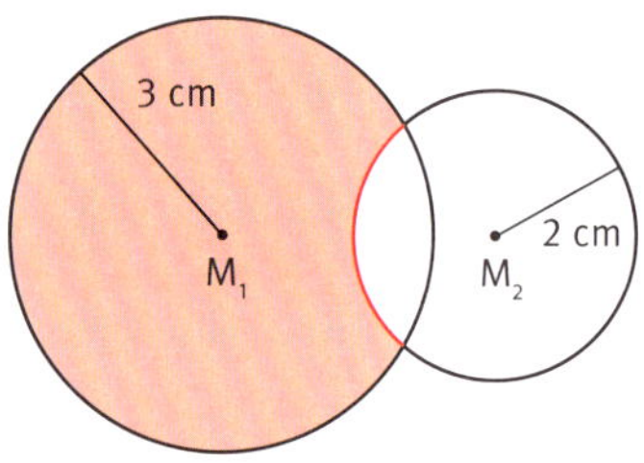

- ◯ $|\overline{M_1P}| \leq 3\,\text{cm} \wedge |\overline{M_2P}| \leq 2\,\text{cm}$
- ◯ $|\overline{M_1P}| < 3\,\text{cm} \wedge |\overline{M_2P}| \geq 2\,\text{cm}$
- ◯ $|\overline{M_1P}| < 3\,\text{cm} \wedge |\overline{M_2P}| > 2\,\text{cm}$

b)

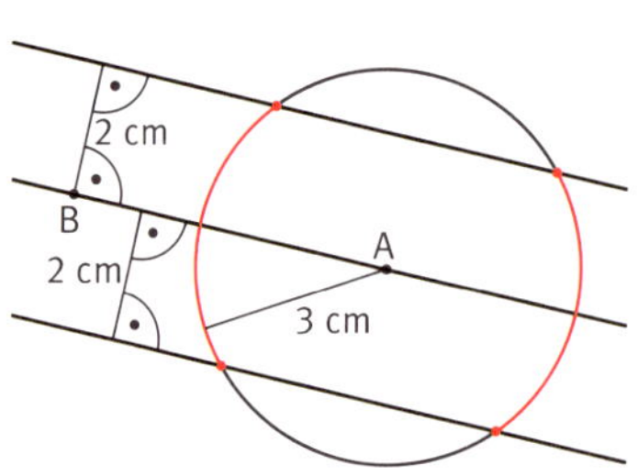

- ◯ $d\ (P;\ AB) \geq 2\,\text{cm} \wedge |\overline{AP}| = 3\,\text{cm}$
- ◯ $d\ (P;\ AB) \leq 2\,\text{cm} \wedge |\overline{AP}| = 3\,\text{cm}$
- ◯ $d\ (P;\ AB) = 2\,\text{cm} \wedge |\overline{AP}| = 3\,\text{cm}$

c)

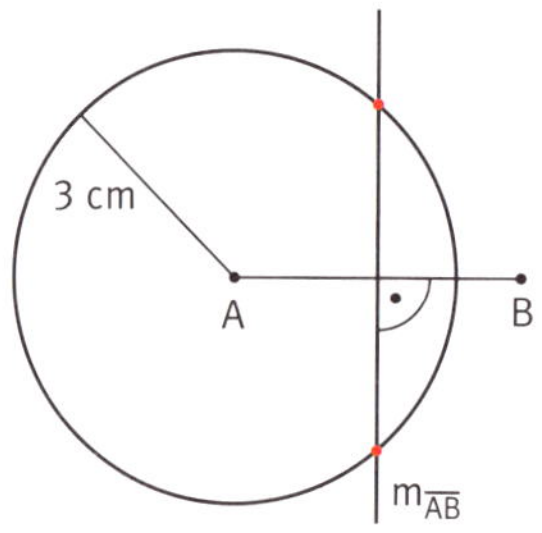

- ◯ $d\ (A;\ P) = 3\,\text{cm} \wedge d\ (B;\ P) = 3\,\text{cm}$
- ◯ $|\overline{AP}| = 3\,\text{cm} \wedge d\ (A;\ P) = d\ (B;\ P)$
- ◯ $d\ (m_{\overline{AB}};\ A) = 3\,\text{cm}$

2 Kennzeichne die beschriebenen geometrischen Orte farbig.

a) Gesucht sind alle Punkte, die näher bei B als bei A liegen und gleichzeitig von der Geraden AB genau 1,3 cm Abstand haben.

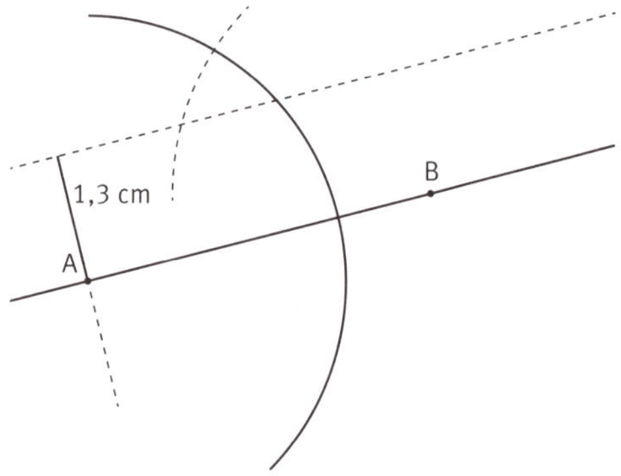

b) Gesucht sind alle Punkte, für die gilt:
$d\ (P;\ h) \leq d\ (P;\ g) \wedge |\overline{PA}| = 1{,}8\,\text{cm}$

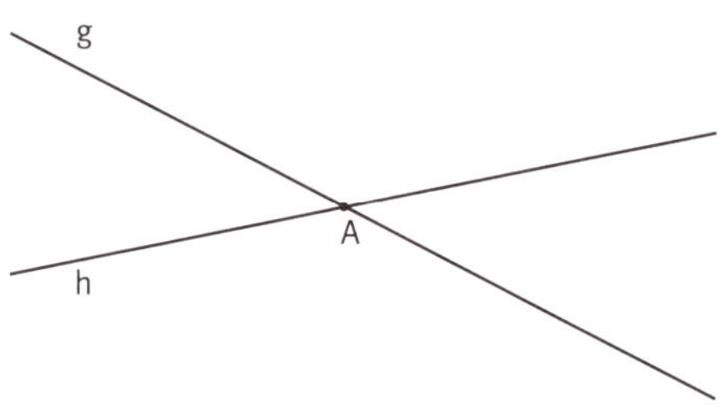

3 Georg, Simon und Michael sind beim Zelten. Weil sie baden gehen wollen, haben sie ihre Zelte an einem Bach aufgeschlagen und Wäscheleinen zwischen ihren Zelten aufgespannt. Alle drei achten darauf, ihre Badehosen mindestens 3 m von der Feuerstelle F entfernt aufzuhängen.

a) Markiere farbig den Bereich, in dem die Badehosen nicht hängen dürfen.

b) Simon hängt seine Badehose in genau 3 m Abstand zum Bach auf. Wo könnte die Hose hängen?

c) Michaels Badehose hängt näher an seinem Zelt als an den Zelten seiner Freunde. Wo könnte das sein?

d) Georg möchte, dass seine Hose schnell trocknet. Deshalb soll sie nicht weiter als 5 m vom Feuer entfernt hängen.

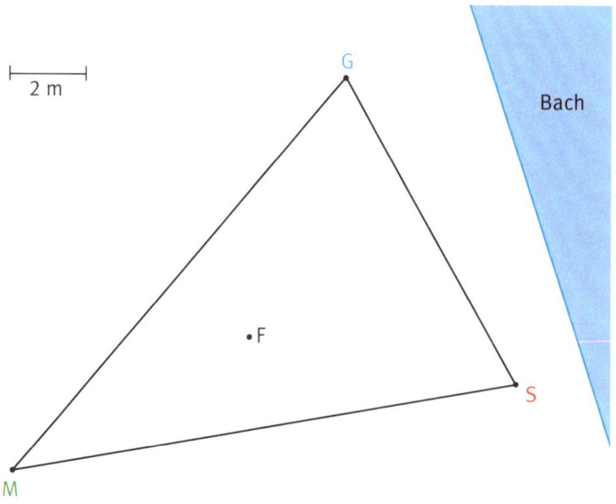

1 a) Vervollständige im Dreieck ABC die Konstruktion des Umkreismittelpunktes M_u sowie den Umkreis.

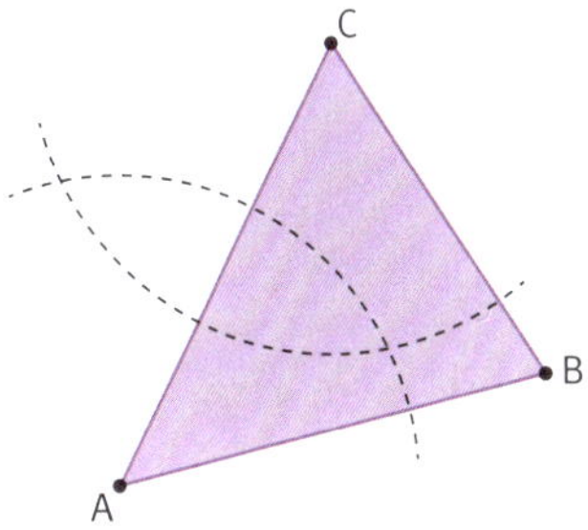

b) Finde im Dreieck DEF durch Konstruktion den Umkreismittelpunkt M_u.

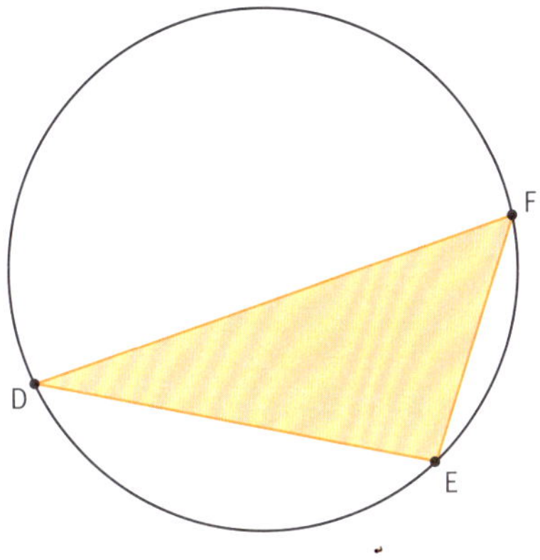

c) Konstruiere im Dreieck GHI den Umkreismittelpunkt M_u sowie den Umkreis.

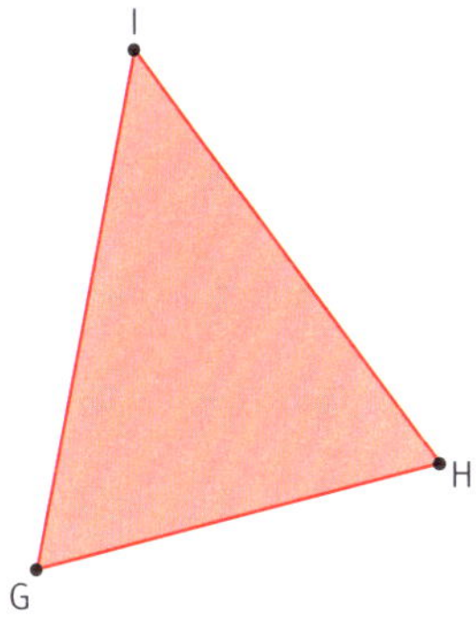

2 Ein Rasensprenger, der eine kreisförmige Fläche gleichmäßig bewässern kann, soll das gesamte kreisrunde Blumenbeet bewässern. Dazu muss er genau in der Mitte des Beetes aufgestellt werden. Hilf dem Gärtner, den Standort des Rasensprengers zu finden. Wähle hierzu auf der Kreislinie drei Punkte A, B und C und verbinde sie zu einem Dreieck. Ermittle durch Konstruktion den Standort R des Rasensprengers. Wähle die Dreieckspunkte so, dass die Seiten des Dreiecks mindestens 4 cm lang sind.

3 Bauer Hein und sein Nachbar Hans haben beschlossen, auf ihren Höfen jeweils eine Lampe L so zu installieren, dass die Mitten der Türen zu Hühnerstall, Kuhstall und Wohnhaus möglichst gleichmäßig beleuchtet werden.

a) Finde durch Konstruktion jeweils einen geeigneten Standort der Lampe.

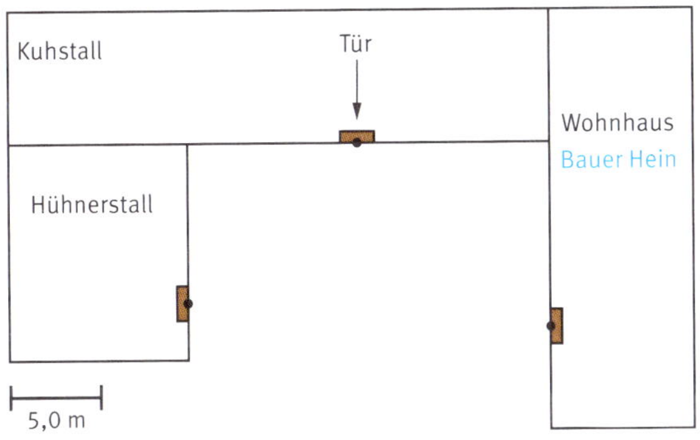

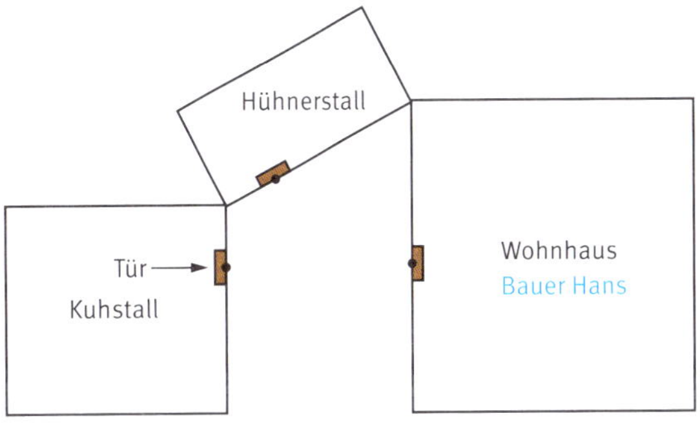

b) Wie groß muss der runde Lichtkegel der Lampe mindestens sein? Zeichne ihn für beide Höfe ein und bestimme dann seinen Durchmesser.

Bauer Hein: d = ____________________ Bauer Hans: d = ____________________

1 **a)** Weise durch Konstruktion der Winkelhalbierenden in den Dreiecken ABC und NOP nach, dass die Punkte M_1 bzw. M_2 die Inkreismittelpunkte der Dreiecke sind. Zeichne dann in beiden Dreiecken den Inkreis ein. Zeichne im Dreieck ABC vorher noch den Inkreisradius ein.

b) Konstruiere den Inkreis des Dreiecks TUV.

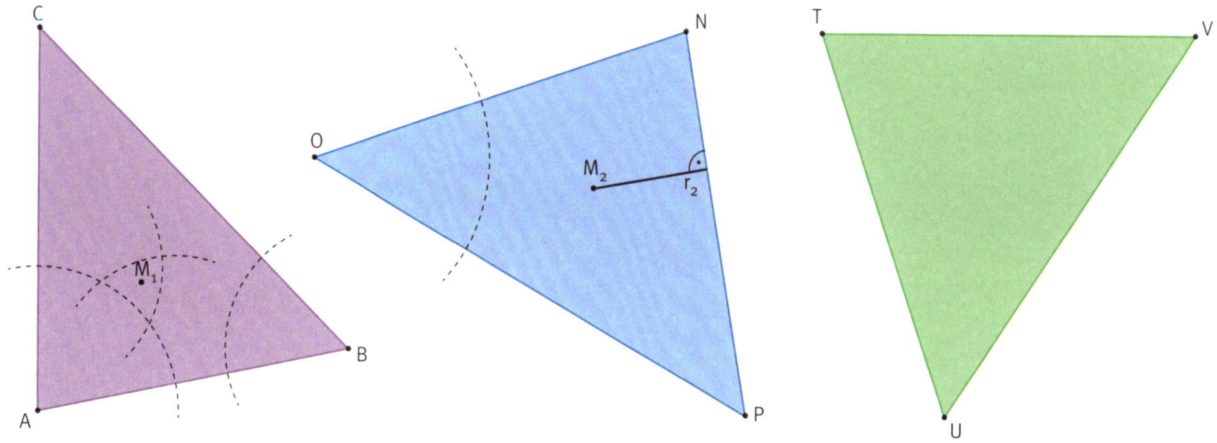

2 Konstruiere den Inkreis des Dreiecks ABC mit A (–1,5 | –2), B (4 | –2) und C (–4 | 4). Gib dann die Koordinaten seines Inkreismittelpunktes sowie seinen Radius an.

M (______ | ______)

r = ______

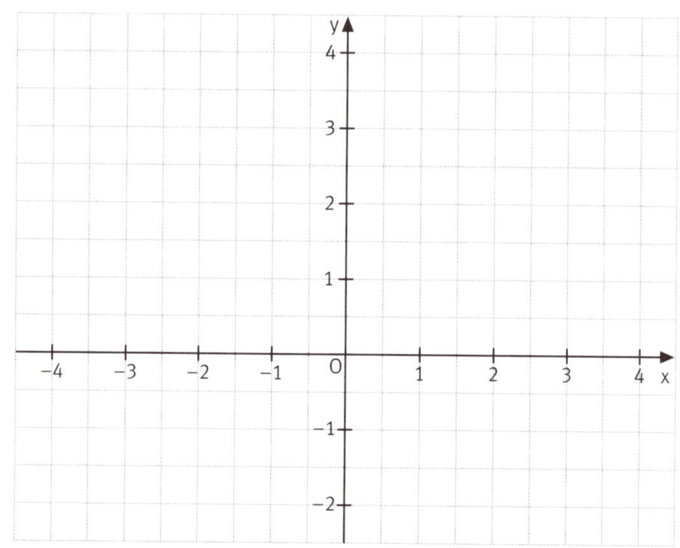

3 Ein junger Architekt entwirft ein modernes, buntes Haus. Auf der Frontansicht möchte er noch zwei möglichst große kreisrunde Fenster einzeichnen. Davon soll sich eines im orangen Teil unter dem Dach, das andere im rot gestrichenen Bereich neben der Tür befinden (wir sehen davon ab, dass man Fenster normalerweise nicht bis direkt ans Dach baut).

a) Konstruiere beide Fenster.

b) Welche Durchmesser haben die Fenster, wenn der vorliegende Plan im Maßstab 1 : 100 gezeichnet ist?

d_1 = ______ cm · 100 = ______ m

d_2 = ______

1 Zeichne mithilfe des Thaleskreises ein rechtwinkliges Dreieck ABC.

a) c = 6 cm; a = 2,5 cm; $\gamma = 90°$

b) a = 6,4 cm; $\alpha = 90°$; $\gamma = 30°$

2 Zeichne jeweils das Dreieck mit den gegebenen Koordinaten und überprüfe mithilfe des Thaleskreises, ob es rechtwinklig ist.

	a)	b)	c)	d)
Dreieck	ΔABC mit A (1 | 5); B (2,5 | 0,5); C (4 | 2)	ΔDEF mit D (11 | −1); E (12 | 1); F (10 | 2)	ΔGHI mit G (14 | 2); H (15 | 4); I (11,5 | 3)	ΔJKL mit J (8,5 | 1); K (7,5 | 3,5); L (4,5 | 2)
rechtwinklig	◯ ja ◯ nein	◯ ja ◯ nein	◯ ja ◯ nein	◯ ja ◯ nein

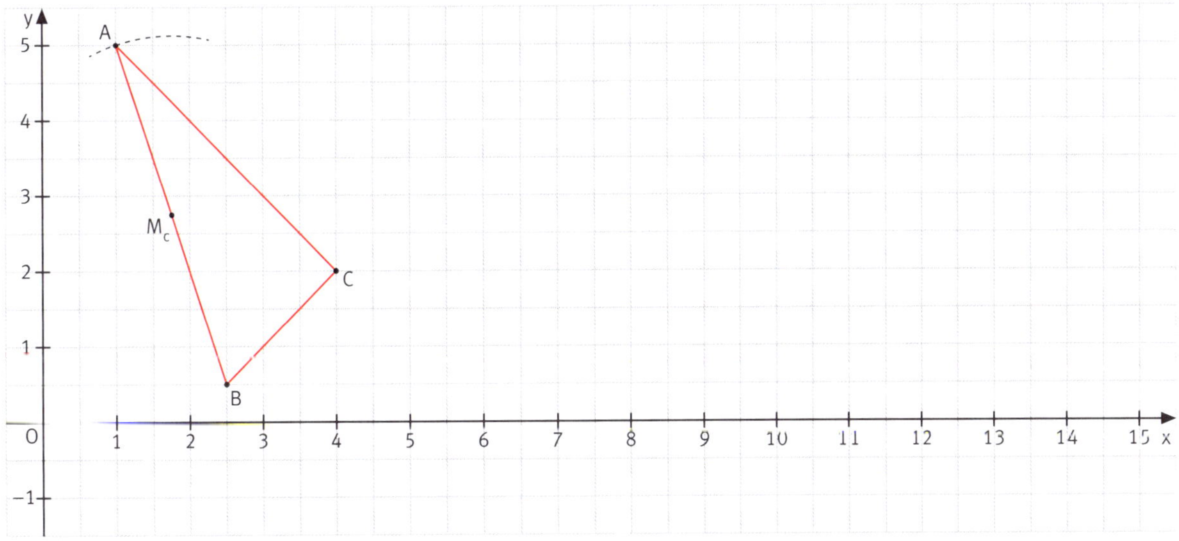

3 Konstruiere mithilfe des Thaleskreises folgende Vierecke.

a) Rechteck ABCD mit $|\overline{AB}| = 3{,}7$ cm

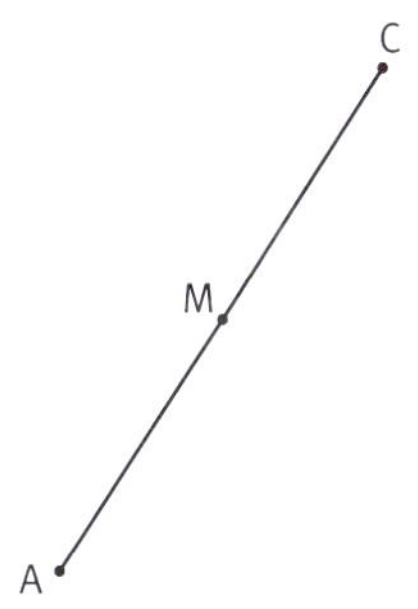

b) Drachenviereck EFGH mit Symmetrieachse FH, $|\overline{EH}| = 2{,}4$ cm und ∢FEH: $\varepsilon = 90°$

Startklar

Größen vergleichen

1 a) Welche Schlüsse könnte man aus dem Vergleich der **Bilder** ziehen?

- ◯ Die Boeing ist länger als der Zeppelin.
- ◯ Das Space Shuttle und der Lkw sind ungefähr gleich lang.
- ◯ Der Lkw ist höher als das Space Shuttle
- ◯ Die Boeing ist doppelt so lang wie der Lkw.

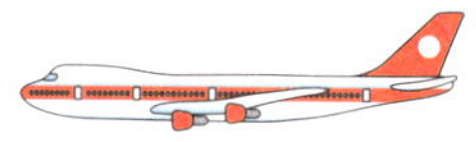	**Boeing 747-400** Länge: 71 m
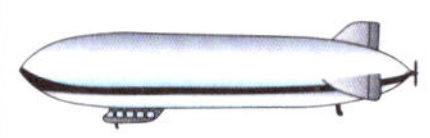	**Zeppelin NT** Länge: 75 m
	**Lkw mit Anhänger** Länge: 16 m
	**Space Shuttle** Länge: 37 m

b) Welche Aussagen ergeben sich aus den **angegebenen Längenmaßen**?

- ◯ Der Lkw ist kürzer als das Space Shuttle.
- ◯ Das Space Shuttle ist ungefähr halb so lang wie der Zeppelin.
- ◯ Die Boeing ist länger als der Zeppelin.
- ◯ Der Zeppelin ist fast fünfmal so lang wie der Lkw.

c) Welches Bild stellt die tatsächlichen Größenverhältnisse am besten dar?

◯ 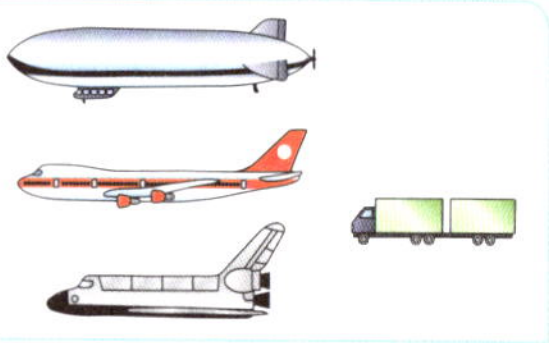

◯ 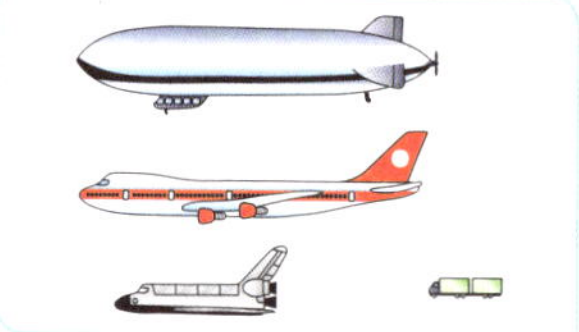

◯ 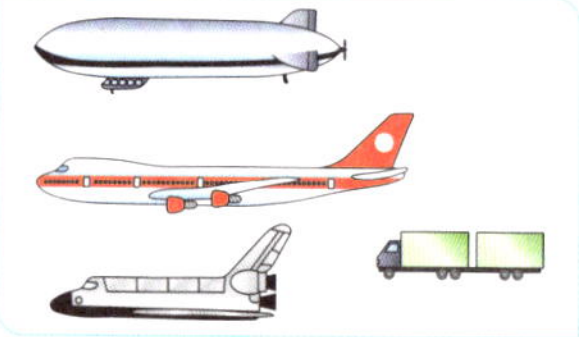

Mit Proportionalitäten rechnen

2 Ein Zeppelin fliegt mit einer durchschnittlichen Geschwindigkeit von $120\,\frac{km}{h}$.

a) Welche Strecke kann er bei einem 30-minütigen Rundflug zurücklegen?

Strecke	Zeit
120 km	min

b) Wie lang braucht er für eine Strecke von 420 km?

Strecke	Zeit
60 km	

Mit Diagrammen umgehen

3 Im Diagramm ist die Geschwindigkeit v eines Zeppelins während eines halbstündigen Rundfluges dargestellt.

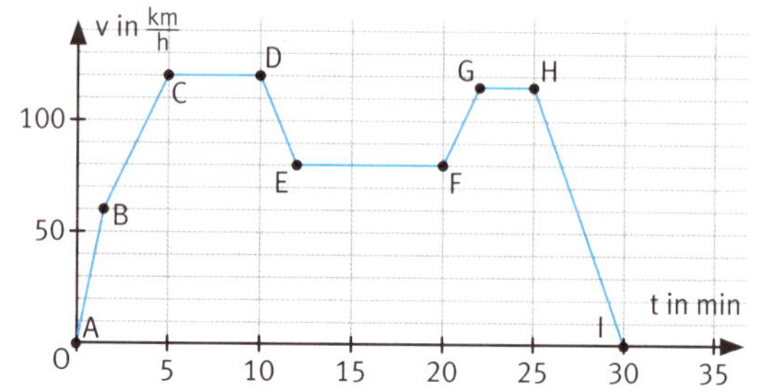

a) Was geschieht im Bereich A–C?

- ◯ Der Zeppelin steigt immer weiter nach oben.
- ◯ Der Zeppelin wird immer schneller.

b) Wie lang braucht der Zeppelin, um seine Höchstgeschwindigkeit zu erreichen? Wie groß ist diese?

____.

c) In welchen Abschnitten finden folgende Situationen statt?

1. Überflug einer besonders schönen Landschaft in gemäßigtem Tempo ______________
2. Landeanflug ______________
3. Flug mit konstanter Geschwindigkeit ______________

1 Nach der Premierenveranstaltung des Circus Crown wurden die Kinder der Großfamilie Duck befragt, welcher der aufgetretenen Clowns ihnen am besten gefallen hat. Genannt wurden:

Crusty, Funny, Crusty, Pepe, Augustin, Pepe, Augustin, Pepe, Funny

Kreuze alle Aussagen an, die zutreffen.

- ◯ Der Modalwert der Daten ist Pepe.
- ◯ Für die Daten lässt sich kein arithmetisches Mittel angeben.
- ◯ Der Zentralwert der Daten ist Augustin.
- ◯ Für die Daten lässt sich kein Median angeben.

2 Im Seedorfer Weiher wurden am vergangenen Wochenende mehrere Fische gefangen und anschließend gewogen. Die Messergebnisse waren:

550 g; 720 g; 1000 g; 480 g; 630 g; 800 g; 575 g; 770 g; 900 g; 595 g; 615 g; 770 g; 955 g

a) Ordne die Messergebnisse der Größe nach. Beginne mit dem kleinsten.

480 g; ______________________________

____

b) Gib den Modalwert der Messergebnisse an. ____________

c) Wie lautet der Zentralwert? ____________

d) Berechne das arithmetische Mittel der Messergebnisse.

____

____

____

3 Bei den Bundesjugendspielen treten aus einer Klasse 8 Schüler zum Kugelstoßen an. Sie erreichen die in der Tabelle angegebenen Weiten.

Name	Max	Sepp	Toni	Ben	Tom	Uwe	Olaf	Sven
Weite in m	10,26	13,90	11,58	13,90	15,20	12,30	14,08	11,70

a) Erstelle eine sortierte Liste für die Wurfweiten und ermittle dann den Zentralwert.

Weite in m								

Zentralwert: ______________________________

b) Gib den Modalwert an. ______________________________

c) Kreuze an: wahr (w) oder falsch (f)?

	w	f
Hätte Max 0,5 m weiter gestoßen, wäre der Zentralwert größer.	◯	◯
Hätte Ben 18 cm weiter gestoßen, gäbe es zwei Modalwerte.	◯	◯
Hätte Toni 12 cm weiter gestoßen, gäbe es zwei Modalwerte.	◯	◯
Hätte Toni 13,9 m weit gestoßen, wäre der Modalwert größer.	◯	◯
Hätte Olaf 13,9 m weit gestoßen, wäre das arithmetische Mittel größer.	◯	◯
Hätte Uwe 13,9 m weit gestoßen, wäre das arithmetische Mittel größer.	◯	◯

1 Die Schüler der Klasse 7a schreiben auf, wie viele Minuten sie an einem Nachmittag für die Hausaufgaben in Mathematik benötigen.
Ordne die Angaben in einer Rangliste. Trage die Kennwerte ein.

23	25	28	34	41	25	38
26	21	17	14	19	23	27

Min: ______ Zentralwert: ______ Max: ______

2 Die Mädchen und Jungen der Klasse 7c notieren ihre Schuhgrößen.

Mädchen	36	34	33	38	40	38	34	41	37	36	36	39	35
Jungen	41	45	40	46	41	42	43	38	39	36	37	38	–

a) Ordne die Daten. Markiere und bestimme dann den Zentralwert sowie Maximum und Minimum.

Mädchen

Min: ______ Zentralwert: 36 Max: ______

Jungen –

Min: ______ Zentralwert: ______ Max: ______

b) Gib für die Mädchen und die Jungen jeweils den Modalwert m und die Spannweite R an.

Mädchen: m = ______ R = ______ Jungen: m_1 = ______ R = ______

3 Die Aufzeichnung der Höchsttemperaturen in Augsburg ergab für August 2017 nebenstehendes Diagramm.

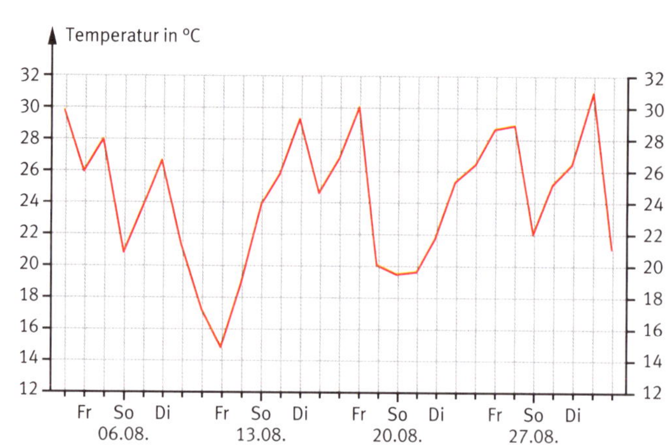

a) Gib die höchste und die niedrigste gemessene Temperatur sowie das zugehörige Datum an.

Max = ______ am ______.08.2017

Min = ______ am ______.08.2017

b) Berechne die Spannweite.

R = ______

c) Wann fanden die größten Temperaturstürze statt? Ergänze den Lückentext.

Von Freitag (Wochentag), den ______ (Datum) auf ______ (Wochentag),

den ______ (Datum) fiel die Temperatur um ______ °C,

ebenso von ______ (Wochentag), den ______ (Datum) auf

______ (Wochentag), den ______ (Datum).

1 Bei einer repräsentativen Stichprobe müssen folgende Kriterien erfüllt sein:

❶ Die Stichprobe muss die Zusammensetzung der Gesamtheit widerspiegeln.
❷ Der Stichprobenumfang darf nicht zu klein sein.
❸ Die Stichprobe muss zufällig ausgewählt sein.

Handelt es sich um eine repräsentative Stichprobe? Kreuze ggf. an, welche Kriterien (❶, ❷, ❸) nicht erfüllt sind.

	ja	nein			
a) Um ihre Chancen bei der Schülersprecherwahl abzuschätzen, befragt Sonja ihre Klassenkameraden.	○	○	❶	❷	❸
b) Um herauszufinden, ob wieder ein Sommerfest stattfinden soll, befragen die Schülersprecher alle Klassensprecher.	○	○	❶	❷	❸
c) Wie soll der neue Getränkeautomat bestückt werden? Aus jeder Klasse werden 4 Schüler befragt.	○	○	❶	❷	❸
d) Um herauszufinden, wie zufrieden die Schüler sind, befragt der Schulleiter 10 zufällig ausgewählte Schüler aus allen Jahrgangsstufen.	○	○	❶	❷	❸

2 Um zu erfahren, wie viele Autos täglich durch einen Ort fahren, führt Jan eine Verkehrszählung durch. Er zählt an einem Freitagmorgen zwischen 7 Uhr und 8 Uhr 350 Autos und schließt daraus, dass täglich 8400 Autos durch den Ort fahren.

a) Begründe, warum Jans Ergebnis zu hoch ist.

b) Wie kann Jan ein genaueres Ergebnis erhalten?

3 Einem Waldbesitzer gehören 2,1 Hektar Nadelwald.

a) Rechne die Waldfläche in Quadratmeter um.

b) Pro Hektar stehen auf dem Waldstück etwa 1200 Nadelbäume. Wie viele Bäume besitzt der Waldbauer?

c) In dem Waldstück wird Borkenkäferbefall festgestellt. Daher untersucht der Waldbesitzer eine Fläche von $1500\,m^2$ und stellt 9 befallene Bäume fest. Wie viele Bäume müssen voraussichtlich gefällt werden?

1 Die Ergebnisse eines Jahrgangsstufentests wurden in zwei verschiedenen Diagrammen zusammengefasst.

①
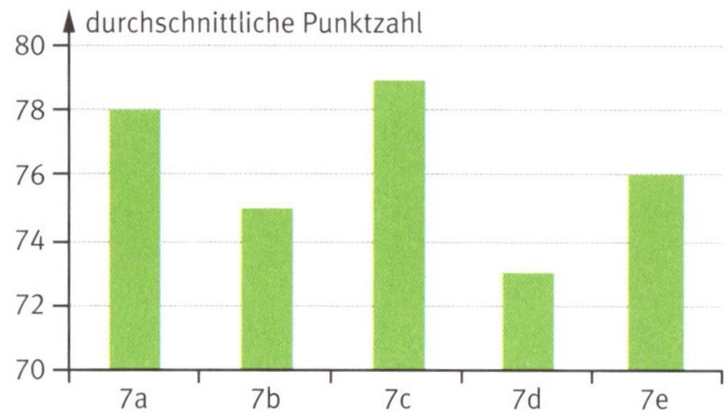

②
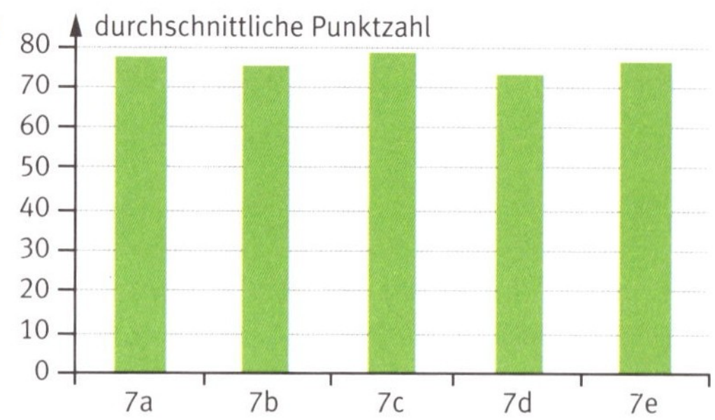

a) Zu welchen Aussagen könnten die Diagramme verleiten? Vervollständige die Sätze.

Diagramm ①: Die Klasse 7d hat nur ______________ so viele Punkte wie die Klasse 7e.

Diagramm ②: Die Klasse 7d hat fast ______________________________ Punkte wie die Klasse 7e.

Diagramm ①: Die Ergebnisse aller Klassen unterscheiden sich ______________________________.

Diagramm ②: Die Ergebnisse aller Klassen unterscheiden sich ____________.

b) Wodurch wird die unterschiedliche Wirkung der Diagramme verursacht?

____

c) Selbst geringe Unterschiede werden in Diagramm ① ...

◯ realistisch dargestellt. ◯ verstärkt dargestellt. ◯ abgeschwächt dargestellt.

2 In einer Firma wird die Anzahl der neu eingestellten und der in Ruhestand gegangenen Angestellten grafisch dargestellt. Die Firmenleitung behauptet: „Die Anzahl der neu eingestellten Angestellten steigt ständig.“

a) Die Firmenleitung hat Recht. Dennoch sagt der Betriebsrat: „Die Arbeit wird auf immer weniger Angestellte verteilt.“ Wie kommt diese Aussage zustande?

____

____

____

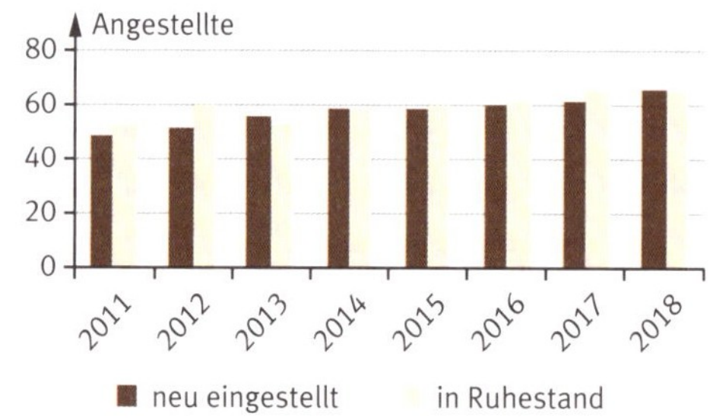

b) Wie wird im Diagramm versucht, die steigenden Neueinstellungen in den Vordergrund zu rücken?

____

3 Wodurch wird hier versucht, die Aussage des Diagramms zu manipulieren?

a)
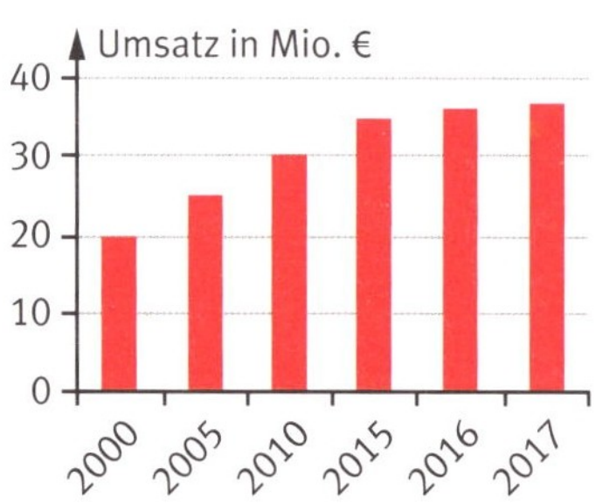

b)
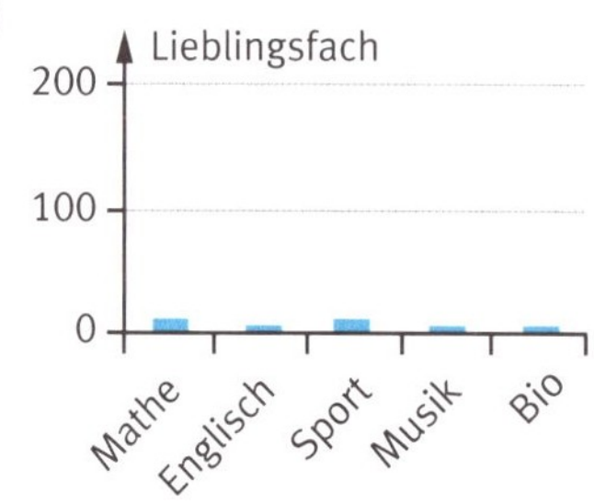

c)
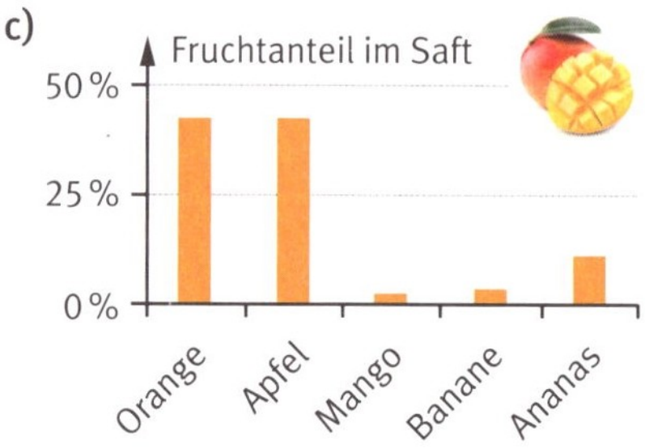

____________________ ____________________ ____________________

____________________ ____________________ ____________________